"十三五"普通高等教育规划教材

物理学实验

主　编　肖　蒙

副主编　李晓萱　殷学毅

编　委　郭春玲

U0349605

同濟大学 出版社
TONGJI UNIVERSITY PRESS
·上海·

内 容 提 要

本书根据全国普通高等中医药院校中医、针骨、药学、中药学、制药工程、药物制剂、食品质量安全、医学信息工程等专业"物理学"课程基本要求编写而成. 全书除绪论外, 共编写了 15 个物理实验. 选材力求符合课程基本要求和目前各校实验设备配置情况, 注意与医药相结合.

本书实验原理叙述清晰、实验步骤简明扼要, 各个实验均安排了思考题, 便于学生预习和巩固知识, 其中绪论部分介绍了实验误差理论和数据处理的初步知识.

本书可供全国高等中医药院校中医、针骨、药学、中药学、制药工程、药物制剂、食品质量安全、医学信息工程等专业本科学生使用, 也可作为成人教育、远程教育及自学考试用书.

图书在版编目(CIP)数据

物理学实验/肖蒙主编. -- 上海:同济大学出版社,
2016.8(2022.12 重印)
ISBN 978-7-5608-6492-1

Ⅰ.①物… Ⅱ.①肖… Ⅲ.①物理学—实验—中医院校—教材 Ⅳ.①O4-33

中国版本图书馆 CIP 数据核字(2016)第 193800 号

"十三五"普通高等教育规划教材
物理学实验
主编 肖 蒙

| 责任编辑 | 陈佳蔚 | 责任校对 | 徐春莲 | 封面设计 | 潘向蓁 |

出版发行 同济大学出版社 www.tongjipress.com.cn
(地址:上海市四平路 1239 号 邮编:200092 电话:021-65985622)
经 销 全国各地新华书店
印 刷 常熟市大宏印刷有限公司
开 本 787 mm×1 092 mm 1/16
印 张 7
印 数 6 401-7 500
字 数 175 000
版 次 2016 年 8 月第 1 版 2022 年 12 月第 5 次印刷
书 号 ISBN 978-7-5608-6492-1

定 价 20.00 元

F oreword 前 言

我国中医药教育历史悠久,本书根据中医药高等院校"物理学"课程建设要求而编写.供全国高等中医药院校中医、针骨、药学、中药学、制药工程、药物制剂、食品质量安全、医学信息工程等专业本科学生使用.

本书在编写过程中,根据卫生部中医药管理局制定的高等中医药物理学教学大纲的要求,针对近年来各院校专业设置的实际情况和多年来物理实验教学实践和经验的积累,反应教学改革的成果,适应新时期中医药高等院校物理学实验课程教学的需求,由湖北中医药大学物理教研室编写.

本书以力学、电学、光学为主要内容,共编写了 15 个实验项目,以适用于高等中医药院校各专业使用及相关专业的教学参考.本书以物理学基础理论为中心,以训练学生实践技能为主线,以验证定理、定律为主要内容,注重理论联系实际,充分体现中医药院校物理实验的特色,加强学生创新素质的培养,编写突出以下几个特点:

1. 根据《医学物理学》教材各章节的内容来安排实验.

2. 注重物理实验技能的训练与基础理论的应用相结合.

3. 通过每个实验既可复习和验证其原理,又提高了应用能力及动手能力.

4. 注重实验仪器、原理、性能、使用及适用性的分析,有利于实验教学的改革.

5. 同一个实验题目,根据各个院校的特点,安排有不同的实验方法,或者选用不同的仪器来测量同一物理量.

6. 每个实验项目后都列入了一定量的思考题,使学生能够带着问题进行实验,并在实验中加以解决.

每个实验都是按照上述顺序编写的,即实验目的、实验仪器、实验原理、实验步骤与内容、实验记录及思考题等,并要求实验者要按照误差理论对实验的最终结果进行分析及处理.教师可根据各校的教学大纲、实验条件和实验课时来安排和选取实验课.

本书在编写过程中,受到了湖北中医药大学各级领导的关心与支持,各位参编老师也倾注了大量的心血,在此表示诚挚的谢意!

由于编者水平有限,经验不足,虽然做出了很大的努力,但仍有不足之处,希望广大读者不吝赐教,以便进一步修订时改正.

编者

2016 年 8 月

Contents 目 录

绪　　论

　　物理学是一门以实验为基础的学科.物理学概念的确立,物理规律的发展以及物理理论的建立与验证,都必须以严格的物理实验为依据.物理实验是物理学的基础,也是物理学研究的基本方法.

　　物理实验是科学实验的重要组成部分.随着科学技术的发展,物理实验的理论、方法和技术,已广泛应用到自然科学各领域,在科学技术的发展中起着愈来愈重要的作用.

一、物理实验课的目的和要求

　　物理实验课的目的如下:

　　(1) 通过实验,掌握基本物理量的测量原理和方法,会正确使用测量仪器,能正确处理实验数据、分析实验结果,并能写出完整的实验报告.

　　(2) 通过对物理现象的观测和分析,加深对物理概念、规律和理论的理解.

　　(3) 培养学生严肃认真的科学态度、实事求是的科学作风,使学生具有一定的科学实验技能.

　　为达到以上教学目的,必须认真实施如下教学环节:

　　(1) 做好实验预习.认真阅读实验教材和有关实验指导书籍,理解实验原理,了解仪器性能及使用方法,明确实验步骤和注意事项,写出实验预习报告.

　　(2) 认真进行实验.要实现实验目的,必须严格按步骤进行实验.首先,在教师指导下,正确装配或连接好实验仪器,并调整到正常工作状态.其次,手脑并用,严格按实验规程操作.同时,仔细观察实验现象,认真进行实验测量,正确记录实验数据和图象.实验过程中,如发现异常现象或测量数据有误,应进行科学分析,找出问题所在,再继续进行或重新进行实验和测量.

　　(3) 完成实验报告.实验观测结束后,对数据进行整理计算.然后,按照各实验的要求,用简单明了的文字书写实验报告.实验报告要内容完整、字迹清

晰、表达明确、图标规范、分析有理,报告要符合教师的具体要求.实验报告内容一般如下:

① 实验名称.

② 实验目的.

③ 实验器材.要求写出实验器材的名称、型号、编号和规格.

④ 实验原理.要求用简明的语言、公式、原理图,说明实验的理论依据.

⑤ 实验步骤.简明扼要地写出主要实验操作步骤.

⑥ 数据记录与处理.包括测量数据的记录、计算结果和误差及测量结果的表示.

⑦ 讨论与分析.对实验结果进行讨论分析,回答思考问题,对改进实验提出建议.

二、测量误差、有效数字、数据处理

1. 测量误差

（1）测量

测量就是将待测的物理量与一个公认为标准单位的同类物理量进行比较.将所得的倍数附上单位,就是所测量的量值.

测量可按得到待测量之值的过程分为直接测量和间接测量.凡是用测量仪器直接测得待测量之值的叫做直接测量;需要将几个直接测得量代入一定的函数关系式,才能计算出待测量之值的叫做间接测量.例如,长度、时间、电流是直接测得量;体积、密度是间接测得量.

（2）测量的误差

测量的目的,是要找到待测量在一定条件下客观上所具有的真实数据,即真值.但是,由于受到测量仪器、方法、条件和测量人员的技术水平等多种因数的局限,真值只能是一个理想的概念,是不可能准确测得的.这样,一个物理量的测量值 x 与真值 x_0 之间有一个差值 Δx,叫做测量的绝对误差,简称误差.即

$$\Delta x = x - x_0$$

其值可正可负.

上式表明,减少 Δx 就可提高测量值与真实值的符合程度,这就要求我们对产生误差的原因和特点进行分析.

（3）误差的分析

产生误差的原因有多种,归纳其性质和来源,分为系统误差和偶然误差两类.

① 系统误差

保持实验条件一定,对同一物理量进行多次测量时,误差的绝对值和符号保持不变,或者在条件改变时按一定规律变化,具有这一特点的误差叫做系统误差.产生系统误差的原因有:仪器本身的固有缺陷,如零点未调好、刻度不准等;规定的条件发生变化,如温度、湿度、压强等;个人的习惯和偏向,如有些人读数偏高或偏低;理论公式本身的近似性或实验条件达不到理论公式的要求;测量方法本身所带来的误差,如伏安法测电阻.

系统误差的确定性规律提示我们,只能根据各种不同情况,找出产生系统误差的原因,从改善仪器、改进方法,或作理论上的修正来尽量减小或消除系统误差,而不能通过增加测量次数来减小这种误差.

② 偶然误差

保持实验条件一定,对同一物理量进行多次测量时,误差的绝对值和符号是随机变化的,不具有确定的规律性,这种误差又叫随机误差.偶然误差是由于人的感官灵敏度、仪器精确程度的局限、周围环境的变化以及随测量而来的其他不可预测的偶然因素所引起的误差.

偶然误差的随机性,表现在相同条件下,每次测量的结果,时而偏大,时而偏小.但对足够多次测量的总体,偶然误差的分布服从统计规律,即绝对值小的误差出现的概率比绝对值大的误差出现的概率大;绝对值很大的误差出现的概率为零;绝对值相等的正、负误差出现的概率相等.因此,随着测量次数的增加,偶然误差的算术平均值渐渐趋于零.可见,从其偶然性,通过改进实验方法不可能消除偶然误差.但因其服从统计规律,可用增加测量次数的方法来减小偶然误差,并可估算出偶然误差的大小.

测量总是存在误差,真值不可能真正测出,但可用误差的大小来表示测量结果与真值间的符合程度.

估算偶然误差的方法有平均绝对误差、标准偏差及相对误差等.下面仅介绍平均绝对误差和相对误差.

（4）直接测量误差和结果的表示

① 用算术平均值代表测量结果的最佳值

由于偶然误差服从统计规律,故在保证测量条件相同的情况下,随着测量次数的增多,所得测量值的算术平均值趋于真值. 因此,将有限次测量的算术平均值叫做测量的最佳值. 在相同条件下对某物理量进行 n 次重复测量,其测量值分别为 x_1,x_2,x_3,$\cdots$,x_n,则其算术平均值为

$$\bar{x} = \frac{1}{n}(x_1 + x_2 + x_3 + \cdots + x_n) = \frac{1}{n}\sum_{i=1}^{n} x_i \qquad (0\text{-}1)$$

② 平均绝对误差

一个物理量的某次测量值 x_i 与其真值 x_0 之差叫做某次测量的绝对误差. 由于待测量的真值不可知,因此常以算术平均值 $\bar{x}$ 代替真值 x_0 计算误差. 若某次测量的绝对误差为 $\Delta x_i = x_i - \bar{x}$,则算术平均值 $\bar{x}$ 的平均绝对误差定义为

$$\Delta \bar{x} = \frac{|x_1 - \bar{x}| + |x_2 - \bar{x}| + |x_3 - \bar{x}| + \cdots + |x_n - \bar{x}|}{n}$$
$$= \frac{1}{n}\sum_{i=1}^{n} |x_i - \bar{x}| = \frac{1}{n}\sum_{i=1}^{n} |\Delta x_i| \qquad (0\text{-}2)$$

测量结果表示为

$$x = \bar{x} \pm \Delta \bar{x} \qquad (0\text{-}3)$$

式(0-1)表示,待测物理量 x 的最佳值是 $\bar{x}$,$\bar{x}$ 的绝对误差范围为 $\pm\Delta\bar{x}$,而 x 的真值存在于 $(x-\Delta\bar{x}) \sim (x+\Delta\bar{x})$ 范围内. 这样,它既能表示测量结果的大小,又能反映其可信度.

在实验中,由于某些原因,只可能或只需对某一物理量进行一次测量,这时常把仪器上标明的仪器误差作为单次测量的绝对误差. 如果仪器上没有标明,通常可取仪器最小分度值的一半作为单次测量的绝对误差.

③ 相对误差

绝对误差只能表明待测量的测量值与其真值的符合程度,但评价测量的准确性,还需要看测量值本身的大小,为此引入相对误差. 相对误差定义为

$$E = \frac{\Delta \bar{x}}{\bar{x}} \times 100\% \qquad (0\text{-}4)$$

式中,$\bar{x}$ 为待测量的算术平均值,$\Delta\bar{x}$ 为 $\bar{x}$ 的平均绝对误差.

相对误差无单位,它能比较对不同测量对象测量结果的可信赖程度. 例如,对两根不同长度的棒,测得的结果分别为 $l_1 = (7.86 \pm 0.01)\text{cm}$,$l_2 = (78.60 \pm$

0.01)cm,虽然它们的绝对误差相等,但测量的相对误差 $E_1 = 10E_2$. 显然,l_1 的测量结果比 l_2 的测量结果更加准确. 对任一待测量,给出测量结果的同时,都应给出绝对误差和相对误差.

例 1　对某一物体的长度,测量 5 次,测量值 x(单位:cm)分别为

$$5.61,\ 5.63,\ 5.65,\ 5.64,\ 5.62$$

求测量结果.

解　算术平均值为

$$\bar{x} = \frac{1}{n}\sum_{i=1}^{n} x_i = \frac{1}{5}(5.61 + 5.63 + 5.65 + 5.64 + 5.62) = 5.63\ \text{cm}$$

平均绝对误差为

$$\Delta\bar{x} = \frac{1}{n}\sum_{i=1}^{n} |\Delta\bar{x}_i|$$
$$= \frac{1}{5}(|5.61 - 5.63| + |5.63 - 5.63| + |5.65 - 5.63| +$$
$$|5.64 - 5.63| + |5.62 - 5.63|)$$
$$= 0.01\ \text{cm}$$

平均相对误差为

$$E = \frac{\Delta\bar{x}}{\bar{x}} \times 100\% = \frac{0.01}{5.63} \times 100\% = 0.2\%$$

测量结果为

$$x = (5.63 \pm 0.01)\text{cm}$$

由于偶然误差本身是一个估计值,所以误差值一般只取一位有效数字.

(5) 间接测量误差和结果的表示

对于间接测量,因为各直接测量值有误差,所以代入其函数式计算所得间接测量值也必然有误差,这叫做误差的传递. 其误差与各直接测量误差及函数关系有关,并可由误差传递公式计算出来.

设待测量 $N = f(x_1, x_2, x_3, \cdots)$,其中 $x_1, x_2, x_3, \cdots$ 为直接测得量,各测量结果为 $x_1 = \bar{x}_1 \pm \Delta\bar{x}_1$, $x_2 = \bar{x}_2 \pm \Delta\bar{x}_2$, $x_3 = \bar{x}_3 \pm \Delta\bar{x}_3$, $\cdots$,则

$$N = \bar{N} \pm \Delta\bar{N}$$

$$E = \frac{\Delta\bar{N}}{\bar{N}} \times 100\%$$

式中，$\bar{N} = f(\bar{x}_1, \bar{x}_2, \bar{x}_3, \cdots)$ 为待测量的算术平均值，$\Delta\bar{N}$ 为 $\bar{N}$ 的平均绝对误差.

设待测量是两个直接测得量之和或差，试计算待测量. 两个直接测得量分别为 $x_1 = \bar{x}_1 \pm \Delta\bar{x}_1$，$x_2 = \bar{x}_2 \pm \Delta\bar{x}_2$，则待测量为

$$N = x_1 \pm x_2 = (\bar{x}_1 \pm \Delta\bar{x}_1) \pm (\bar{x}_2 \pm \Delta\bar{x}_2) = (\bar{x}_1 \pm \bar{x}_2) \pm (\Delta\bar{x}_1 + \Delta\bar{x}_2)$$

即待测量的算术平均值

$$\bar{N} = \bar{x}_1 \pm \bar{x}_2$$

平均绝对误差

$$\Delta\bar{N} = \Delta\bar{x}_1 + \Delta\bar{x}_2$$

待测量的测量结果表示为

$$N = \bar{N} \pm \Delta\bar{N}$$

可以得出结论：两量之和或差的平均绝对误差等于两量的平均绝对误差之和. 而其相对误差为

$$E = \frac{\Delta\bar{N}}{N} \times 100\% = \frac{\Delta\bar{x}_1 + \Delta\bar{x}_2}{\bar{x}_1 \pm \bar{x}_2} \times 100\%$$

设待测量是两个直接测得量之积，试计算待测量. 两个直接测得量分别为 $x_1 = \bar{x}_1 \pm \Delta\bar{x}_1$，$x_2 = \bar{x}_2 \pm \Delta\bar{x}_2$，则待测量

$$N = x_1 x_2 = (\bar{x}_1 \pm \Delta\bar{x}_1) \cdot (\bar{x}_2 \pm \Delta\bar{x}_2)$$
$$= \bar{x}_1\bar{x}_2 \pm \bar{x}_1\Delta\bar{x}_2 \pm \bar{x}_2\Delta\bar{x}_1 \pm \Delta\bar{x}_1\Delta\bar{x}_2$$

由于 $\Delta\bar{x}_1 \cdot \Delta\bar{x}_2$ 与 $\bar{x}_1$ 和 $\bar{x}_2$ 相比很小，故 $\Delta\bar{x}_1 \cdot \Delta\bar{x}_2$ 可以忽略，所以有

$$N = \bar{x}_1\bar{x}_2 \pm (\bar{x}_1\Delta\bar{x}_2 \pm \bar{x}_2\Delta\bar{x}_1)$$

即

$$\bar{N} = \bar{x}_1\bar{x}_2, \quad \Delta\bar{N} = \bar{x}_1\Delta\bar{x}_2 \pm x_2\Delta\bar{x}_1$$

相对误差

$$E = \frac{\Delta \bar{N}}{\bar{N}} \times 100\% = \left(\frac{\Delta \bar{x}_1}{x_1} + \frac{\Delta \bar{x}_2}{x_2} \right) \times 100\%$$

待测量的结果表达式为

$$N = \bar{N} \pm \Delta \bar{N}$$

由上述二例可以看出，误差是可以传递的. 常用函数的误差传递公式见表 0-1.

表 0-1　常用函数的误差传递公式

函数关系式	平均绝对误差 $\Delta \bar{N}$	相对误差 $\frac{\Delta \bar{N}}{\bar{N}}$
$N = x + y + \cdots$	$\Delta \bar{x} + \Delta \bar{y} + \cdots$	$\frac{\Delta \bar{x} + \Delta \bar{y} + \cdots}{\bar{x} + \bar{y} + \cdots}$
$N = x - y$	$\Delta \bar{x} + \Delta \bar{y}$	$\frac{\Delta \bar{x} + \Delta \bar{y}}{\bar{x} - \bar{y}}$
$N = xy$	$\bar{x}\Delta \bar{y} + \bar{y}\Delta \bar{x}$	$\frac{\Delta \bar{x}}{\bar{x}} + \frac{\Delta \bar{y}}{\bar{y}}$
$N = xyz$	$\bar{y}\bar{z}\Delta \bar{x} + \bar{x}\bar{z}\Delta \bar{y} + \bar{x}\bar{y}\Delta \bar{z}$	$\frac{\Delta \bar{x}}{\bar{x}} + \frac{\Delta \bar{y}}{\bar{y}} + \frac{\Delta \bar{z}}{\bar{z}}$
$N = x^n$	$n\bar{x}^{n-1}\Delta \bar{x}$	$n\frac{\Delta \bar{x}}{\bar{x}}$
$N = x^{\frac{1}{n}}$	$\frac{1}{n}\bar{x}^{\left(\frac{1}{n}-1\right)}\Delta \bar{x}$	$\frac{1}{n}\frac{\Delta \bar{x}}{\bar{x}}$
$N = \frac{x}{y}$	$\frac{\bar{y}\Delta \bar{x} + \bar{x}\Delta \bar{y}}{\bar{y}^2}$	$\frac{\Delta \bar{x}}{\bar{x}} + \frac{\Delta \bar{y}}{\bar{y}}$
$N = kx$	$k\Delta \bar{x}$	$\frac{\Delta \bar{x}}{\bar{x}}$

从表 0-1 可以看出，如函数关系式中含加减运算，则先计算绝对误差，后计算相对误差较为方便；如函数关系中含乘、除、平方、开方运算，则先计算相对误差，后计算绝对误差较为方便.

2. 有效数字

（1）有效数字的一般概念

如前所述，直接测量结果存在误差，导致间接测量结果必然存在误差. 那么如何记录测量结果的数值，才能正确反映测量值的大小及其误差呢？ 为此，规定将测量结果的数值记录到开始有误差的那一位为止. 测量数值中所有准确的可靠数字和一位有误差的可疑数字,统称为有效数字.

有效数字的位数与待测量的大小及测量仪器的最小分度值(即仪器的最小量或读数精度)有关. 例如,对同一物长,用厘米分度尺测得读数为 5.4 cm,用毫米分度尺测得读数为 5.42 cm,第一个读数中的"5"和第二个读数中的"5.4"是直接从尺子读出的,是准确的,叫做可靠数字;第一个读数中的"4"和第二个读数中的"2"是分别从两尺子的相邻刻度线间的距离估读出来的,是有误差的,叫做可疑数字,但它们都反映了客观实际,仍是有效的. 第一个读数有两位有效数字,第二个读数有三位有效数字. 显然,第二个读数的准确度高于第一个读数. 同时,当某一测量值为 6.35 cm 时,就知道这一测量值是使用毫米分度尺测得的,所以测量结果中的有效数字不同于数学中数字的意义.

有效数字位数的多少反映出相对误差的大小,有效数字的位数愈多,测量值的相对误差愈小.

确定有效数字的位数要注意以下三点:

① 有效数字的位数与小数点的位置无关,因此用来表示小数点位置的"0"不是有效数字,如 2.36 cm＝23.6 mm＝0.023 6 m,三种表示法均是三位有效数字.

② 测量数据中不表示小数点位置的零是有效数字,如 60.51 g, 32.00 cm 都是四位有效数字.

③ 遇到很大或很小的数据时,可用科学计数表示法,即用 $a \times 10^n$ 的形式表示,取 $1 \leqslant a < 10$,则有效数字的位数由 a 确定,单位的大小决定于 n 的取值,如光速可写为 2.997×10^8 ms^{-1} ＝ 2.997×10^{10} cms^{-1},有四位有效数字.

(2) 确定测量结果的有效数字

无论是直接测得量还是间接测得量的结果都必须用有效数字表示,即有效数字的末位数,根据测量结果的绝对误差的大小来确定. 绝对误差的有效数字通常只取一位. 这样,写出的有效数字的最后一位,必须与误差所在位对齐. 例如,$l = (2.36 \pm 0.01)$cm 是正确的,而 $l = (2.362 \pm 0.01)$cm 是错误的.

(3) 有效数字的运算法则

有效数字的运算可归纳为以下几点:准确数字与准确数字相互运算的结果仍是准确数字;可疑数字与准确数字或可疑数字相互运算的结果是可疑数字,但运算过程中的进位数字可以是准确数字;运算的最后结果只保留一位可疑数字,后面的数字按四舍五入法则处理.

以下有效数字的运算实例中,数字下面加横线的是可疑数字.

① 有效数字的加、减运算

例 2

```
    2.38 7
  16. 2
+)  9.5 4
 28.1 2 7
```
结果为 28.1

例 3

```
  16. 2
   2.48 9
-) 7.5 4
  6.1 7 1
```
结果为 6.2

在加、减运算中,最后结果只保留到参与运算的各量中可疑数字最高的那一位.

② 有效数字的乘、除运算

例 4

```
      4.34 3
×)   21. 1
     4 34 3
    4 34 3
+) 86 8 6
 91.6 3 7 3
```
结果为 91.6

例 5

```
           13.0 7
  27.1)354.4
        271
        83 4
        81 3
        2 1 0 0
        1 8 9 7
          2 0 3
```
结果为 13.1

在乘、除运算中,最后结果的有效数字位数与参与运算各数中位数最少的一个相同.

对于乘方、开方、三角函数运算,结果的有效数字位数与测量数值的有效数字位数相同.

对于乘除公式中的常数,如 π,e,$\sqrt{2}$ 等,在运算中,其有效数字一般应取比参与运算的有效数字中位数最少的有效数字再多一位.

3. 数据处理的基本方法

为了直观地表示各物理量之间的关系,常将实验数据列表记录或绘图示意.

(1) 列表记录法

列表记录法就是把一组有关实验数据和计算数值按一定的形式与顺序列成表格.表格应力求简明清楚,应有标题栏,在标题栏中要标明物理量(或符号)和该量的单位.实验数据应用有效数字填入.

(2) 作图表示法

将测量数据标记在坐标图纸上,并用光滑曲线连接各点(特殊情况用折线),使其成为反映物理量间关系的直观图像.作图时应注意以下几点:

① 坐标纸的选用. 根据具体情况选用直角坐标纸或对数坐标纸, 确定坐标纸幅面的大小.

② 确定坐标轴的比例. 原则上图纸中一小格对应数据中可靠数字的最后一位, 可疑数字可在小格内估计. 适当选取 x 轴或 y 轴的比例和坐标的起点. 坐标轴比例应取 $1:2$, $1:5$ 或它们的倍数. 坐标原点一般不一定取零值, 以使曲线比较对称地充满整个图纸.

③ 标明坐标轴和图名. 一般以横坐标代表自变量, 纵坐标代表因变量, 在坐标轴外侧标明所代表的物理量和单位, 并在轴上等间距标明物理量的数值. 在图纸的明显位置写清图名.

④ 标点. 根据测量数据用 "＋" 标出各坐标点. 要求用直尺、尖铅笔画出. 如在一张图纸上需画出几条曲线时, 每条曲线要用不同的标记, 如 "×" "△" 等以示区别.

⑤ 连线. 用直尺、曲线板连接曲线时, 应按所有坐标点的趋势, 连成直线或光滑的曲线, 曲线并不一定通过所有的点, 而是要求图线的两旁的偏差点有较均匀的分布.

思 考 题

1. 用螺旋测微器测钢丝直径, 5 次测量值 (单位: mm) 分别为 $d_1 = 0.499$, $d_2 = 0.500$, $d_3 = 0.501$, $d_4 = 0.500$, $d_5 = 0.502$. 试求测量量的算术平均值、平均绝对误差及相对误差, 并正确地表达出测量结果.

2. 改正下列测量结果表示法中的错误.

(1) $l = (8.40 \pm 0.002)$ cm;

(2) $m = (43\,000 \pm 1\,000)$g;

(3) $t = (14.80 \pm 0.5)$s.

3. 按有效数字的记录规则,完成下列单位变换.

(1) 500 mg＝_____ g;

(2) 760 mm＝_____ cm＝_____ m＝_____ km.

4. 按有效数字运算规则计算下列各式.

(1) 34.740＋10.28－1.003 6;

(2) 12.34×0.023 4;

(3) $\dfrac{400 \times 1\ 500}{12.6 - 11.6}$.

实验一　基　本　测　量

1.1　游标卡尺和螺旋测微计的使用

1. 掌握一般游标原理,学会正确使用游标卡尺.
2. 了解螺旋测微计的测量原理和使用方法.
3. 掌握误差理论,有效数字的运算法则,并能够分析产生误差的原因.

实验仪器

游标卡尺、螺旋测微计.

仪器简介

长度是基本的物理单位.各种测量仪器,从外形上看虽然不同,但其标度大都是按照一定的长度来划分的.例如,用各种温度计测量温度,就是确定水银柱面在温度标尺上的位置;测量电流或电压的各种仪表,就是确定指针在电流表或电压表标尺上的位置…….总之,科学实验中的测量大多数可归结为长度测量.长度测量是一切测量的基础,是最基本的物理测量之一.常用的测量长度的量具有米尺、游标卡尺、螺旋测微计和读数显微镜等.通常用量程和准确度表示这些仪器的规格.量程是测量范围;准确度是仪器所能准确读到的最小值.准确度的大小反映精密程度.学习使用这些仪器,要注意掌握它们的构造特点、规格性能、读数原理、使用方法以及维护知识等,以便在以后的试验中恰当地选择使用.

实验原理

1. 游标卡尺

(1) 构造

游标卡尺的各部分名称如图 1-1 所示.它是由主尺 H 和可沿主尺滑动的游标尺 I 两个主要部分组成的.游标尺上的刻度即游标 F. 主尺和游标尺的一端,上下各有一只测脚.下面的一对(C, D 测脚)用来测量物体的长度,外径上面的一对(A, B 测脚)用来测量内径;而尾尺和游标尺紧固,用来测量深度.当测脚 C, D 紧密合拢时,游标尺和主尺上的"0 线"(零线)是对齐的.待测物体的各种数值由游标零线和主尺零线之间的距离来表示. E 为固定游标尺用的螺旋,用螺旋固定后,可保持原测量值.

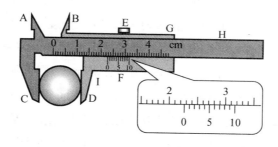

图 1-1　游标卡尺

A, B, C, D—四个测量脚；E—固定滑尺用的螺旋；
F—游标；G—滑动片；H—主尺；I—游标尺

(2) 游标卡尺的准确度读数方法

常用的游标尺的主尺和普通尺一样,刻有毫米分度.游标的刻度则有不同的分度,其精密程度也各不相同.最简单的一种是在游标上刻有 10 个分度,10 个分度的总长等于主尺上 9 个分度的总长,即 9 mm.这样每个分度之长就是 0.9 mm,它比主尺的最小分度短0.1 mm.另一种常见的游标是 20 分度,即将主尺上的 19 mm 等分为游标上 20 格,或者将主尺上的 39 mm 等分为游标上的 20 格.应用上述方法计算,可得主尺最小分度的长度与游标上最小分度的长度差都是 0.05 mm,所以利用游标至少能读出毫米以下一位小数而不必估计.这决定于游标的构造,如果以 Y 表示主尺上最小分度的长度,以 P 表示游标上刻有的分度数,通常 P 个游标分度与主尺($P-1$)个最小分度的总长相等.因此,游标尺上每一个分度的长度为

$$X = \frac{P-1}{P}Y$$

主尺最小分度与游标分度之差

$$\Delta X = Y - X = Y - \frac{P-1}{P}Y = \frac{Y}{P}$$

式中，ΔX 叫作游标尺的精确度，即主尺上最小分度长度除以游标尺上的总格数.

例如，主尺上最小分度为 1 mm，而游标尺上刻有 50 个最小分度（$P=50$），其总长应等于主尺上 49 个分度的总长（49 mm），那么该游标卡尺的精度为

$$\Delta X = \frac{Y}{P} = \frac{1}{50} = 0.02(\text{mm})$$

精确度 0.02 mm 表示每个游标最小分度比主尺上最小分度长度小 0.02 mm.

本实验所使用的卡尺，其游标上均匀刻有 20 个分度，这 20 个分度总长正好等于主尺上的 39 个分度，因为主尺上一个分度是 1 mm，所以游标上 20 分度总长为 39 mm，那么，游标上每一格的长为 39÷20=1.95 mm，因此游标上每一个格的长度与主尺上两个分度（即 2 mm）相差 0.05 mm，从而得出该游标尺的精确度为 0.05 mm. 可以根据这个原理来判断具有游标装置的测量仪器的准确度.

下面来看如何利用游标直接读出毫米以下的小数. 如图 1-2 所示，当游标卡尺在主尺上某一位置时，可以从主尺上直接读出整数部分为 11 mm，而读毫米以下的小数 Δx 时，要寻找游标尺上哪一根刻线与主尺上的某一刻线对得最齐. 例如，图 1-2(a)中的游标尺上第一根线与主尺上某一刻线对得最齐，则

$$\Delta x = 2 \text{ mm} - 1.95 \text{ mm} = 1 \times 0.05 \text{ mm}$$

即游标卡尺读数为：整数部分$+ \Delta x = 11.05$ mm.

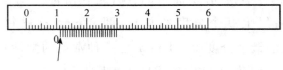

(a) 游标卡尺读数为 11.05 mm

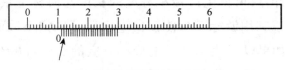

(b) 游标卡尺读数为 11.10 mm

图 1-2　游标卡尺读数

又如,图 1-2(b)中的游标卡尺第二根刻线与主尺上某一刻线对得最齐,则

$$\Delta x = 4 \text{ mm} - 2 \times 1.95 \text{ mm} = 2 \times 0.05 \text{ mm}$$

即游标卡尺的读数为 11.10 mm. 这就是本实验所使用的 20 分度游标的读数方法.

2. 螺旋测微计(千分尺)

螺旋测微计是比游标卡尺更精密的长度测量仪器,常见的一种如图 1-3 所示. 它的量程是 25 mm,准确度为 0.01 mm,螺旋测微计又称千分尺.

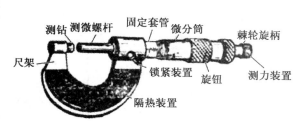

图 1-3 螺旋测微计

它的主要构造是一个微动螺旋杆,螺距是 0.5 mm. 微分筒上附有沿圆周的刻度,微分筒一周等分为 50 个分格,当微分筒旋转一周时,则螺杆将沿轴线方向移动 0.5 mm,也就是说,当微分筒转过一个分格时,则螺旋杆沿轴移动 0.5 mm ÷ 50(格) = 0.01 mm,这就是千分尺的准确度. 对于准确度是 0.01 mm 的千分尺来讲,有效数字需估读到小数点后第三位截止,故千分尺的名字由此而得.

在固定套管上刻有上下交错的两排刻度线,上下相邻两刻度线之间距离为 0.5 mm,当测钻和微动螺杆合拢时,微分筒的"0"刻线应与固定套管上的横线对齐,如对不齐,则应以微分筒上的所在位置的刻度作为起始点读数,如图 1-4 所示. 对于图 1-4(a)的情况,即微分筒的零刻线在固定套管的横刻线下面时,起始读数应为 0.010 mm;对于图 1-4(b)的情况,即微分筒的零刻线在固定套管的横刻线上面时,起始读数应为 -0.010 mm. 于是,我们规定,微分筒上的零刻线在固定管套的横刻线下面,则起始读数为正值,相反为负值,最后测量结果应为测量值减去起始读数,即

结果 = 测量值 - 起始读数

用螺旋测微计测量物体长度时,要把被测物体夹在测钻和测微螺杆之间,则物体的长度等于微分筒向后移动的距离,其大小由固定套管上的刻度和微分筒上的刻度读出.

下面举例说明螺旋测微计测长度的过程:

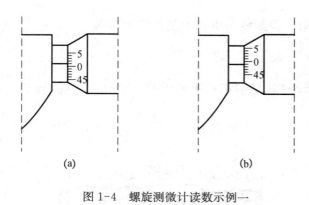

图 1-4　螺旋测微计读数示例一

首先,将螺旋测微计的测钻和测微螺杆接触并靠紧,读出该螺旋测微计的起始读数,然后把被测物体夹在测钻和测微螺杆之间,假如螺旋测微计显示读数如图1-5(a)所示,固定套管上的刻度为 6 mm,微分筒上第 36 格的刻线正好与固定套管上的横刻线对齐,则微分筒上的显示读数为

$$0.01 \text{ mm} \times 36(\text{格}) = 0.36 \text{ mm}$$

再加上估读一位,则被测物体的长度为 6.360 mm. 图 1-5(b)的读数应为

$$6.5 + 0.01 \text{ mm} \times 39 + 0.005(\text{估读数值}) = 6.895 \text{ mm}$$

在使用螺旋测微计时,引起误差的原因之一是由于螺旋测微计夹压被测物体力量不同而产生的. 为排除此原因产生的误差,螺旋测微计装置了棘轮旋柄,使用时要手动旋转棘轮旋柄,当发出"吱吱"的响声时,代表被测物体已经夹紧,这时就不要再继续旋转了,因此使用螺旋测微计时,应旋转棘轮旋柄,而不能直接旋转微分筒.

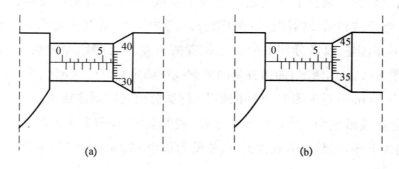

图 1-5　螺旋测微计读数示例二

实验步骤与内容

1. 游标卡尺的使用

(1) 先使游标卡尺的两测脚密切结合,测零点读数,若游标上的零刻度线与主尺上的零刻度线对齐,则零点读数为零. 右手握主尺,用拇指推动游标尺上的小

轮,使游标尺向右移动到某一任意位置读出其值,掌握操作方法和读数方法.

（2）用游标卡尺测圆环的内径、外径和高,将测量值填入表 1-1 中.注意要取不同的位置测三次,并计算误差.

表 1-1　游标卡尺测圆环　　　　精密度_____（mm）

项目	要求	测量值/mm	平均值/mm	绝对误差/mm	平均绝对误差/mm
内径 d	1				
	2				
	3				
外径 D	1				
	2				
	3				
高度 H	1				
	2				
	3				

测量结果:$d=$

$\qquad D=$

$\qquad H=$

圆环的体积 $V=$

2. 螺旋测微计的使用

（1）掌握螺旋测微计注意事项,熟悉使用方法和读数方法后,开始测量.

（2）记下零点读数,测量小球和圆柱的直径.在不同的位置上测量三次,将测量值填入表 1-2 中.

表 1-2　螺旋测微计测直径　　　零点读数=_____（mm）

项目	要求	读数/mm	测量值/mm=读数-零点读数	平均值/mm	绝对误差/mm	平均绝对误差/mm
小球直径	1					
	2					
	3					

(续表)

项目 \ 要求		读数/mm	测量值/mm=读数－零点读数	平均值/mm	绝对误差/mm	平均绝对误差/mm
圆柱直径	1					
	2					
	3					

测量结果：小球直径 $d_1 = \bar{d_1} \pm \overline{\Delta d_1}$

圆柱直径 $d_2 = \bar{d_2} \pm \overline{\Delta d_2}$

注意事项

1. 用游标卡尺之前，应先把测脚 C、D 合拢，检查游标上的零刻线与主尺的零刻线是否重合. 如不重合，应记下零点读数加以修正. 测量时，物体应放在测脚的中间部位，不能用它测量粗糙的物体，也不要把被夹紧的物体在测脚间挪动，以免磨损测脚.

2. 游标卡尺和螺旋测微计是最常用的精密量具，使用时要注意维护. 用完后应立即放回盒内，不能随便放在桌上，更不能放在潮湿的地方. 只有这样才能保持它的准确度，延长使用期限.

3. 用螺旋测微计测量物体时，反旋棘轮旋柄，使测微螺杆离开测钻，再把待测物体放在二者之间，然后转动棘轮旋柄，将物体夹住，此时棘轮发出"吱吱"声响，表示螺杆已不能再转动. 这样可以避免因压力过大使被测物体变形或损坏螺旋测微计. 应当注意夹紧被测物体时，只能转动棘轮旋柄.

4. 用螺旋测微计读数时，应从毫米直尺上读取整数部分，0.5 mm 以下的读数则用微分筒圆周上的刻度读出，估读到 0.001 mm.

5. 用螺旋测微计测量物体之前，要注意零点校正.

6. 使用螺旋测微计结果后，测微螺杆和测钻之间要留有一定的缝隙，防止热膨胀时二者过分压紧而损坏螺纹.

思 考 题

1. 游标卡尺的精确度如何计算？用游标卡尺进行测量时，如何读数？

2. 试确定表 1-3 中游标卡尺的精确度,并填入表格的空白处.

表 1-3 游标卡尺精度表

游标分读数/格数	10	10	20	20	50
与游标分度数对应的主尺读数/mm	9	19	19	39	49
测量准确度/mm					

1.2 读数显微镜的使用

实验目的

1. 熟练掌握读数显微镜、天平的使用,以及如何确定仪器的精度. 了解这些基本测量工具的构造和原理.
2. 运用误差理论,正确记录和处理测量数据.
3. 运用误差理论分析误差产生的原因.

实验仪器

读数显微镜、天平、砝码、圆环、毛细微管.

实验原理

1. 读数显微镜的原理和使用

读数显微镜是由一个显微镜加以精密的螺旋装置组成的,其外形如图1-6所示. 显微镜筒的目镜内装有十字分划板(也称为十字叉丝). 调整目镜可以进行视度调整,使分划板清晰. 转动调焦手轮,使被测物在目镜中成像清楚,调焦时,一定要使镜筒由下而上移动,防止由上而下移动时把被测物体压坏. 然后调整被测物体,使其被测部分的横向和显微镜水平移动方向平行,然后转动测微手轮,同时观察十字叉丝,使纵丝对准被测物体的起点,记下此时的测定值 A. 标尺上最下分度是 1 mm,相当于螺旋测微计的主尺,而测微手轮上刻有 100 个分格,测微手轮转一周,镜筒横向移动 1 mm,所以测微手轮上每一个分度表示 0.01 mm,该值就是读书显微镜的准确度. 测微手轮上的刻度相当于副尺的刻度.

再沿同一方向转动测微手轮,使十字叉丝的纵丝恰好停止于被测物的终点,再记下该测定值 A',则所测长度 $L = |A - A'|$. 为了提高测量精度,可以采用多次测量,取平均值.

读数显微镜较为精密,在使用和搬动时,要小心谨慎,避免碰坏,要保持仪器的清洁. 在松开各旋手调整接头轴时,必须用手托住相应的部分,以防摔坏. 如果光学元件有灰尘、脏物时,可用镜头纸轻轻擦掉,或用脱脂棉蘸酒精、乙醚混合液仔细擦去.

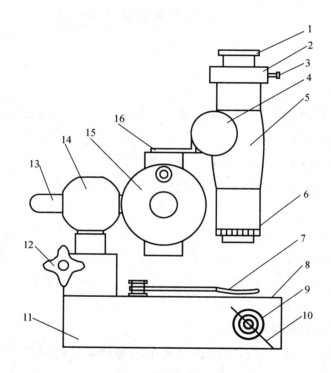

图 1-6 读数显微镜

1—目镜;2—锁镜圈;3—锁紧螺钉;4—调焦手轮;5—镜筒支架;6—物镜;
7—弹簧压片;8—台面玻璃;9—旋转手轮;10—反光镜;11—底座;12—旋手;
13—立轴;14—接头轴;15—测微手轮;16—标尺

使用时要注意,在测量过程中转动测微手轮时,只能向一个方向转动,不要在测量过程中来回转动. 因为用读数显微镜测量物体长度时,一般是由于被测物体的线度比较小,所以才借助于读数显微镜,测量过程中,由于测微手轮一前一后转动将产生螺距差(由于螺距的间隙造成的误差),所以,为防止螺距差的产生,测量过程中不能来回转动测微手轮.

2. 物理天平

（1）天平构造

物理天平的构造如图 1-7 所示. 在横梁的中点和两端有三个刀口, 中间的刀口安放在支柱顶端的刀垫上, 刀垫用玛瑙或硬质合金钢制成, 两端的刀口是悬挂秤盘的. 横梁上附有可以游动的游码, 是作为小游码用的. 本实验所用天平最大量载为 1 000 g, 称量 1 g 以下的质量有游码, 横梁等分为 20 个分格, 每一分格是 0.1 g, 游码从横梁左端移到右端就等于在右盘中加了 2 g 的砝码.

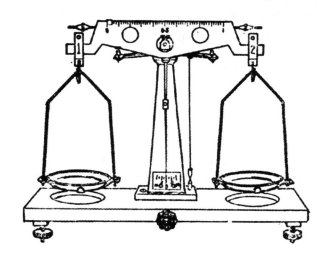

图 1-7　物理天平

横梁中部装有竖直向下的一根指针, 与支柱上的指针标尺配合, 可以指示天平的平衡位置及灵敏度. 横梁两侧有用来调整零点的平衡螺丝. 天平底座上装有的水准仪可以用调节螺丝进行调整. 天平底板左侧秤盘的上方还有一个可以放置物品的托架.

（2）使用方法

① 调节刀垫的水平: 可以用调整支柱的铅锤或底盘的水平来实现.

② 调整零点: 在横梁两侧刀口上挂上秤盘, 将止动旋钮向右旋转, 支起横梁. 游码放在零位置上, 用平衡螺丝进行调整.

③ 称衡: 将物体放在左盘, 砝码放在右盘, 进行称衡. 每次称衡完毕将止动旋钮向左旋转放下横梁, 并将砝码复位.

（3）天平使用规则

① 天平的负载不得超过其最大量载.

② 在取放物体和砝码时,调整平衡及不使用天平时,必须使天平止动,也就是说,只有在判断天平的平衡位置时才将天平启动. 启、止动天平的动作要轻.

③ 砝码只能用镊子夹取,不能用手拿取. 砝码用完后,应立即放入砝码盒中.

④ 天平与砝码要防锈,防蚀,防止机械损伤. 液体、高温物品、带腐蚀性的化学品等都不能直接放在秤盘上称衡.

实验步骤与内容

1. 用读数显微镜测毛细血管的内径,测三次取平均值.
2. 用天平称圆环的质量,测三次取平均值.
3. 计算圆环的密度 ρ 和 $\Delta\rho$.

实验记录

将实验结果记入表 1-4.

表 1-4　实验数据记录表　　　　　　单位:mm

项目 \ 要求	测量值	平均值	绝对误差	平均绝对误差
毛细血管内径 d				
圆环质量 m				

测量结果:毛细血管内径 $d=$

圆环质量 $m=$

圆环的密度 $\rho=$

思　考　题

1. 写出圆环密度的绝对误差的计算过程,要求用误差传递公式计算.

2. 用读数显微镜测量毛细血管内径时,应怎样做才能减少误差?

3. 使用读数显微镜调焦时,为什么要使镜筒由下而上移动?

实验二　刚体转动

实验目的

1. 巩固转动惯量的概念及有关知识.
2. 观测刚体的转动惯量随其质量及质量分布不同而改变的状况.
3. 验证转动定律.

实验仪器

刚体转动实验仪、秒表、砝码、丝线.

实验原理

刚体转动实验仪如图 2-1 所示.

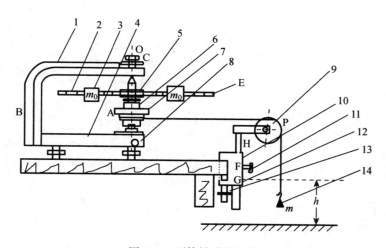

图 2-1　刚体转动实验仪

1—支臂；2—杆；3—重锤；4—底座；5—中心套；6—塔轮；7—心轴；8—调平螺丝；
9—滑轮；10—固定架；11—固定螺丝；12—起始标记；13—夹紧螺杆；14—砝码

由刚体的转动定律可知

$$M = I\beta$$

式中,M 是刚体的合外力矩;I 是刚体对该轴的转动惯量;β 是角加速度. 本实验中 M 为

$$M = Tr - M'$$

式中,M' 是塔轮轴上的摩擦力矩;T 为作用在塔轮上的拉力. 设 m 以匀加速度 a 下落,有

$$mg - T = ma$$

则

$$T = m(g - a)$$

设 m 由静止开始,下落高度 h 所用时间为 t,则

$$h = \frac{at^2}{2}$$

又由于

$$a = r\beta$$

可推出

$$m(g - a)r - M' = \frac{2hI}{r\,t^2}$$

如在实验中保持 a 远小于 g,则有

$$mgr - M' = \frac{2hI}{r\,t^2}$$

如 M' 远小于 mgr,又会导出

$$mgr = \frac{2hI}{r\,t^2}$$

当保持 r,m 不变,改变 m 测出相应的 t,根据上式有

$$m = \frac{2hI}{gr^2t^2} = \frac{K}{t^2}$$

上式说明 m 与 $1/t^2$ 成正比,这是一条过原点的直线,即以 $1/t^2$ 为 x 轴,以 m 为 y 轴,直线的斜率就是 K,从直线的斜率 $K = 2hI/gr^2$ 可求出 I 值. 在这里,通过描点绘制直线来验证刚体的转动定律.

实验步骤与内容

1. 取下塔轮,换上铅直准钉,调节支架下面的调平螺丝,使铅直准钉的钉尖正好对准 OO' 轴的轴心凹陷处.

2. 换回塔轮,固定 OO' 轴的螺旋 C,螺旋 C 不要拧得过紧或过松,只要塔轮转动灵活即可,此时固定住螺旋 C,选定塔轮的某一旋转半径.

3. 将细线一端系于塔轮的选定半径上,另一端系于砝码上,一方面调节滑轮 P 的位置,使细线与塔轮相切.另一方面调节滑轮支架 H 的位置,使细线与桌面平行,即细线与塔轮轴垂直.

4. 将 m 放于塔轮上的细棒 E 的任一位置上(自己选定)并固定好.

5. 转动塔轮使细线绕于塔轮上并使砝码处于起始高度,即砝码盘底部与标记 G 相平,然后放手,开始计时,使砝码下落相同的高度 h,测出所有时间 t.

6. 变换砝码 m 的数值,重复步骤 5,测出一系列 m 和对应的 t 的数值,并填入表格中.

7. 以 m 为纵坐标,以 $1/t^2$ 为横坐标,绘制图线并观察其特点.

8. 改变细棒上 m 的位置,观测刚体转动惯量随其质量分布的不同而改变的情况.

数据记录与处理

将实验数据填入表 2-1 和表 2-2.

表 2-1　实验数据记录表一

次数	$m=10$ g $t=$	$m=15$ g $t=$	$m=20$ g $t=$	$m=25$ g $t=$	$m=30$ g $t=$	$m=35$ g $t=$
1						
2						
3						
$\bar{t}$						
t^2						

表 2-2 实验数据记录表二

m						
t^2						

实验三　液体黏度系数的测定

3.1　用奥氏黏度计测量液体的黏度系数

实验目的

1. 了解奥氏黏度计的结构和原理.
2. 学会用奥氏黏度计测定液体的黏度系数.
3. 学会正确使用温度计、秒表.

实验仪器

奥氏黏度计(也称毛细管黏度计)、大烧杯、量筒、铁架台、秒表、注射器(或吸球)铅锤、蒸馏水、酒精.

实验原理

1. 泊肃叶定律

当牛顿液体在竖起放置的均匀毛细管中作定常流动时,其流量大小为

$$Q = \frac{V}{t} = \frac{\pi r^4 (\Delta P + \rho g l)}{8 \eta l} \tag{3-1}$$

式中,Q 为流量;V 为 t 时间内流过毛细管的液体体积;η 为液体的黏度系数;r 为毛细管的半径;l 为毛细管的长度;ΔP 为毛细管两端的压强差.式(3-1)可写成

$$V = \frac{\pi r^4 (\Delta P + \rho g l)}{8 \eta l} t \tag{3-2}$$

由式(3-2)可计算出 η,但是 r, l, ΔP 等难以测准.实际测定液体的黏度系数时,常用毛细管黏度计通过比较法作相对测量求 η.

2. 比较法的理论依据

在图 3-1 所示奥氏黏度计中注入总体积为 V_0 的液体. 用注射器将液体吸至 F 管 C 刻以上,然后让液体在重力作用下经竖起毛细管 DH 自由下降,随着 B 泡内液面的下降,A 泡内液面的上升,A,B 泡内两液面的高度差 h 将发生变化,其变化与黏度计中液体的总体积 V_0 和流经毛细管 DH 的液体体积 V 有关,即 $h = h(V_0, V)$. 由于 DH 段是毛细管,流体流过此段时能量损耗较大,需当作黏性流体,而流体在大玻璃泡和小玻璃泡内流动时能量损耗较小,可当作理想流体. 设 DH 段流体流速为 v,设 M 面为小玻璃泡内的上液面,其流速忽略不计,N 面为大玻璃泡内的上液面,流速忽略不计,对 MD 段和 NH 段,由理想流体的伯努利方程可得

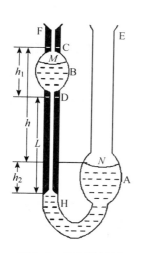

图 3-1　奥氏黏度计

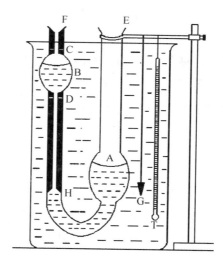

图 3-2　实验装置图

$$P_D = P_0 + \rho g h_1 - \frac{\rho v^2}{2}$$

$$P_H = P_0 + \rho g h_2 - \frac{\rho v^2}{2}$$

若毛细管 DH 两端的压强差为记 ΔP,则

$$\Delta P = P_D - P_H = \rho g (h_1 - h_2) = \rho g(h - l) \tag{3-3}$$

因高度差 h 是个变化量,显然,毛细管中液体的流动不是定常流动,式(3-1)不能直接应用,但对任一瞬间仍可应用. 设 dt 时间内流过毛细管的液体的体积为

dV，由式(3-1)，式(3-3)可得

$$\frac{dV}{dt} = \frac{\pi r^4 \rho g h(V_0, V)}{8\eta l} \qquad (3-4)$$

式(3-4)可写成

$$\frac{dV}{h(V_0, V)} = \frac{\pi r^4 \rho g}{8\eta l} dt \qquad (3-5)$$

若 t 时间内，流过毛细管的液体的体积为 V，对式(3-5)积分可得

$$\int_V^0 \frac{dV}{h(V_0, V)} = \int_0^t \frac{\pi r^4 \rho g}{8\eta l} dt = \frac{\pi r^4 \rho g t}{8\eta l} \qquad (3-6)$$

由式(3-6)可知，对于不同的液体，只要 V_0，V 相同，其积分值相等，与液体的性质无关.

若取相同体积(V_0)的标准液体(黏度系数为 η_1，密度为 ρ_1)和待测液体(黏度系数为 η_2，密度为 ρ_2)，使其先后通过同一黏度计的竖起毛细管 DH，液面由 C 降至 D 时所用的时间分别为 t_1 和 t_2，CD 间的体积为 V，由式(3-6)可得

$$\eta_2 = \frac{\rho_2}{\rho_1} \frac{t_2}{t_1} \eta_1 \qquad (3-7)$$

式(3-7)为比较法测量液体黏度系数的理论依据. 用比较法测 η 时，一定要保持实验在同一条件下进行. 所谓的同一条件就是：同一温度，同一黏度计并维持在同一方向，所量取液体的体积相同，观测流经毛细管的液体体积相同等.

仪器描述

实验装置如图 3-2 所示，它由奥氏黏度计、温度计、大烧杯、铅锤、支架组成. 奥氏黏度计是一个 U 形玻璃管，其中 E 管较粗，F 管较细，E，F 两管各有一个球形空腔 A，B，常称为 A 泡、B 泡. 其中 B 泡上、下端分别刻有指示线 C，D，且 B 泡下端还有一段毛细管 DH. F 管用胶皮管与注射器连通，可把液体吸至 B 泡. 利用夹子夹住 E 管，参照重锤线可使黏度计竖直地固定在支架上.

实验步骤与内容

1. 清洗黏度计. 用量筒取蒸馏水自 E 管口倒入黏度计，拉动注射器将水吸至 C 刻线以上(切勿吸入胶皮管内)，再推动注射器将水压向 A 泡，来回吸动几次后，

将水倒净,重复清洗三次.

2. 将黏度计按图 3-2 安装好.烧杯中的清水要浸没 C 刻线.参考重锤 G 线,调节黏度计,使其处于竖起方向,将温度计放入水中测量温度.

3. 用量筒取 6 ml 蒸馏水从 E 管口倒入,把注射器插入接在 F 管口上的胶皮管中,拉动注射器将蒸馏水吸至 C 刻线以上.

4. 用手指捏住胶皮管,拨去注射器放开手指,当水面下降至 C 线时,秒表开始计时,待水面降至 D 线时,记下所用时间 t_1,同时记下水温 T_1,共测三次,将数据记入表 3-1 内.

表 3-1　水、酒精流经毛细管的时间及其温度

项目 次数	水			水		
	时间 t_1 /s	Δt_1 /s	温度 T_1 /℃	时间 t_2 /s	Δt_2 /s	温度 T_2 /℃
1						
2						
3						
平均值	$\overline{t_1}=$	$\overline{\Delta t_1}=$		$\overline{t_2}=$	$\overline{\Delta t_2}=$	

5. 把蒸馏水倒净,用适量酒精清洗黏度计后,取 6 ml 酒精,按步骤 2、3、4 的方法,测量酒精液面从 C 线降至 D 线所用时间 t_2,并测大烧杯中水温 T_2.共测三次,把数据记入表3-1内.实验用过的酒精倒入回收瓶中,并用清水冲洗黏度计三次,再用蒸馏水冲洗一次,倒入待用.

注意事项

1. 任何时候都不能同时捏住黏度计的二管,只能拿住粗管 E 进行冲洗,以免折断黏度计.

2. 黏度计必须保持清洁,实验时要保持竖起位置,黏度计内的液体不能有气泡.

3. 黏度计内液体与烧杯中清水达到热平衡时(即倒入液体后稍停几分钟)才能进行试验.

4. 按秒表不能用力过度,以免损坏.

数据记录与处理

1. 当测出温度后,若不能查表直接得出合适的 ρ, η 值,可用内插法求得. 例如,求21.4 ℃时水的黏度系数,可先查表找出 21 ℃、22 ℃时黏度系数的值.

21 ℃时 $\qquad \eta_{21} = 9.84 \times 0.000\,1\ \text{Pa} \cdot \text{s}$

22 ℃时 $\qquad \eta_{22} = 9.65 \times 0.000\,1\ \text{Pa} \cdot \text{s}$

则 21.4 ℃时

$$\begin{aligned}
\eta_{21.4} &= \eta_{21} + 0.4 \times (\eta_{22} - \eta_{21}) \\
&= 9.84 \times 0.000\,1 + 0.4 \times (9.65 - 9.84) \times 0.000\,1 \\
&= 9.76 \times 0.000\,1\ \text{Pa} \cdot \text{s}
\end{aligned}$$

2. 利用式(3-7),求出酒精黏度系数 η_2.

在平均温度 $\bar{T}_1 = $ _____ ℃时,查表得 $\rho_1 = $ _____ $\text{kg} \cdot \text{m}^{-3}$

查表得 $\eta_1 = $ _____ $\text{Pa} \cdot \text{s}$

在平均温度 $\bar{T}_2 = $ _____ ℃时,查表得 $\rho_2 = $ _____ $\text{kg} \cdot \text{m}^{-3}$

$$\bar{\eta}_2 = \frac{\rho_2\,\bar{t}_2}{\rho_1\,\bar{t}_1}\eta_1$$

3. 计算误差

相对误差 $\qquad E = \dfrac{\overline{\Delta\eta_2}}{\bar{\eta}_2} = \dfrac{\overline{\Delta t_1}}{\bar{t}_1} + \dfrac{\overline{\Delta t_2}}{\bar{t}_2} = $

绝对误差 $\qquad \overline{\Delta\eta_2} = E \cdot \bar{\eta}_2 = $ _____ $\text{Pa} \cdot \text{s}$

测量结果表达式 $\quad \eta_2 = \bar{\eta}_2 \pm \overline{\Delta\eta_2} = $ _____ $\text{Pa} \cdot \text{s}$

思 考 题

1. 每次测量时,黏度计若不处于竖直方向,对实验结果是否会产生影响? 若每次测量黏度计斜方位都相同,结果如何?

2. 为什么蒸馏水与酒精的用量必须相同?

3. 用比较法测量黏度很大的液体,例如甘油,能否得到满意的结果,为什么?

附:水在不同温度时的密度(表 3-2)、酒精在不同温度时的密度(表 3-3)、水在不同温度时的黏度系数 y_1(表 3-4).

表 3-2 水在不同温度时的密度

温度/℃	$\rho_1/\times 10^3 \ \mathrm{kg \cdot m^{-3}}$	温度/℃	$\rho_1/\times 10^3 \ \mathrm{kg \cdot m^{-3}}$	温度/℃	$\rho_1/\times 10^3 \ \mathrm{kg \cdot m^{-3}}$
0	0.999 87	12	0.999 52	24	0.997 32
1	0.999 93	13	0.999 40	25	0.997 07
2	0.999 97	14	0.999 27	26	0.996 81
3	0.999 99	15	0.999 13	27	0.996 54
4	1.000 00	16	0.998 97	28	0.996 26
5	0.999 99	17	0.998 80	29	0.995 97
6	0.999 97	18	0.998 62	30	0.995 57
7	0.999 93	19	0.998 43	31	0.995 37
8	0.999 88	20	0.998 23	32	0.995 05
9	0.999 81	21	0.998 02	33	0.994 72
10	0.999 73	22	0.997 80	34	0.994 40
11	0.999 63	23	0.997 57	35	0.994 06

表 3-3 酒精在不同温度时的密度

温度/℃	$\rho_1/\times 10^3 \ \mathrm{kg \cdot m^{-3}}$	温度/℃	$\rho_1/\times 10^3 \ \mathrm{kg \cdot m^{-3}}$	温度/℃	$\rho_1/\times 10^3 \ \mathrm{kg \cdot m^{-3}}$
0	0.806 25	12	0.796 20	24	0.786 06
1	0.805 41	13	0.795 35	25	0.785 22
2	0.804 57	14	0.794 51	26	0.784 37
3	0.803 74	15	0.793 67	27	0.783 52
4	0.802 90	16	0.792 83	28	0.782 67
5	0.802 07	17	0.791 98	29	0.781 82
6	0.801 23	18	0.791 14	30	0.780 37
7	0.800 39	19	0.790 29	31	0.780 12
8	0.799 56	20	0.789 45	32	0.779 27
9	0.798 72	21	0.788 60	33	0.778 43
10	0.797 88	22	0.787 75	34	0.777 56
11	0.797 04	23	0.786 91	35	0.776 71

表 3-4　水在不同温度时的黏度系数 η_1　　单位:($\times 10^{-4}$ Pa · s)

温度/℃	0	1	2	3	4	5	6	7	8	9
0	17.94	17.32	16.74	16.19	15.68	15.19	14.74	14.29	13.87	13.48
10	13.10	12.74	12.39	12.06	11.75	11.45	11.16	10.88	10.60	10.34
20	10.09	9.84	9.61	9.38	9.16	8.95	8.75	8.55	8.37	8.18
30	8.00	7.83	7.67	7.51	7.36	7.21	7.05	6.93	6.79	6.66

3.2　用乌式黏度计测定酒精的黏滞系数

实验目的

1. 进一步巩固和理解黏滞系数的概念.
2. 学会一种测定黏滞系数的方法.

实验仪器

黏度计、铁架台、秒表、温度计、打气球、玻璃缸、蒸馏水、酒精、量杯.

仪器简介

如图 3-3 所示,黏度计是由三根彼此相通的玻璃管 A、B、C 构成. A 管经一根胶皮管与一个打气球相连,A 管底部有一个大玻璃泡,称为贮液泡. B 管称为测量管,B 管中部有一根毛细管,毛细管上端有一大一小两个玻璃泡,大泡的上端分别刻有刻线 N、N′. C 管称为移液管,C 管上端有一根乳胶管,目的是在 C 管处设置夹子. 整个实验在装满水的玻璃缸中进行.

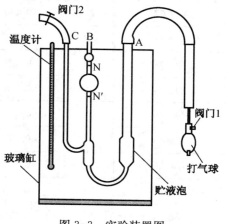

图 3-3　实验装置图

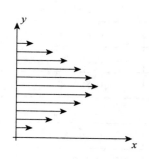

图 3-4　流层速度分布图

实验原理

　　一切实际液体都具有一定的"黏滞",当液体流动时,由于黏滞性的存在,不同的液层有不同的流速 V(图 3-4),流速大的一层对流速小的一层施以拉力,流速小的一层对流速大的一层施以阻力,因而各层之间就有内摩擦力的产生. 实验表明,内摩擦力的大小与层与层相接触的面积 S 及速度梯度 $dv\backslash dy$ 成正比,也就是

$$F = \eta \frac{dv}{dy} S$$

式中,比例系数 η 称为黏滞系数,又叫内摩擦系数.

　　黏滞系数的物理意义是:当相邻两液层的速度梯度为 1 个单位时,单位面积液层间的内摩擦力即为 y 值.

　　不同的液体具有不同的黏滞系数. 一般情况下,液体的 y 值随温度的升高而减少,y 的常用单位为帕・秒(Pa・s),旧时单位用"泊"(1 泊＝1 达因・秒/厘米$^{-2}$).

　　当黏滞系数在细管中作稳恒流动时,管的半径为 R,管长为 L,细管的两端的压强差为 P_1,经时间 t_1 流经细管的黏滞系数为 y_1 的液体体积 V 可依泊肃叶公式求出,即

$$V = \frac{\pi R^4}{8\eta_1 L} \Delta P_1 \Delta t_1 \tag{3-8}$$

　　对于同一细管,若换用另一种黏滞系数为 η_2 的液体,这时细管两端压强差为 ΔP_2,若使流经细管的液体体积仍为 V 时,所需时间为 t_2,他们之间的关系仍遵从泊肃叶公式,即

$$V = \frac{\pi R^4}{8\eta_2 L} \Delta P_2 \Delta t_2 \tag{3-9}$$

式(3-8)除以式(3-9)得

$$\eta_2 = \frac{\Delta P_2 \cdot t_2}{\Delta P_1 \cdot t_1} \eta_1 \tag{3-10}$$

如果实验时把细管铅直方向放置,则压强差是由重力引起的,于是

$$\frac{\Delta P_2}{\Delta P_1} = \frac{\rho_2 g h}{\rho_1 g h} \tag{3-11}$$

此时 ρ_1 及 ρ_2 是两种不同液体的密度,将式(3-11)代入式(3-10),则

$$\eta_2 = \frac{\rho_2 t_2}{\rho_1 t_1} \eta_1 \qquad (3-12)$$

由式(3-12)看出,如果一种液体的黏滞系数 η_1 为已知,且两种液体的密度 ρ_1 及 ρ_2 可查表得到,只要测出两种液体流经同一细管的时间 t_1 和 t_2,即可算出被测液体的黏滞系数 η_2,本实验是已知水的 η_1 值,求待测酒精的 η_2 值.

黏滞系数的测定是医学和生物实验中常常遇到的.这种由一种物质的已知量 η_1 求得另一种物质的相应未知量 η_2 方法称为比较测量法,是实验科学中常用的方法之一.

实验步骤与内容

1. 松开固定黏度计的夹子,取出黏度计,分别将蒸馏水灌入黏度计的 B 管和 C 管中,冲洗黏度计,并用打气球将水挤出.

2. 把洗好的黏度计放在充满水的玻璃缸中,将黏度计调整为铅直状态,此时旋紧固定黏度计的夹子.

3. 在实验过程中,为尽量保证温度稳定,将黏度计放在盛有室温水的玻璃缸内进行.

4. 打开阀门 1 和阀门 2,将蒸馏水由 C 管灌入黏度计内,灌到储液泡 3/4 体积时,即可停止注入蒸馏水.

5. 关闭阀门 1 和旋紧阀门 2,用手按动打气球,此时水开始从 B 管中往上升,当蒸馏水上升到 B 管顶端的小泡位置时,即可停止打气.

6. 先打开阀门 1,然后再旋松阀门 2,此时水开始从 B 管中下降,当水面刚刚降落到刻线 N 线时,用秒表计时,直到液面下降到 N'时停止计时,这个时间间隔即为 t_1.

7. 重复步骤 5、步骤 6,测量水流过 N, N'所用时间 t_1,重复 3 次,取平均值,填入表 3-5 中.

8. 记下玻璃缸中温度计的读数 T_1.

9. 将黏度计取下,倒出蒸馏水,用待测液(本实验用酒精)清洗黏度计,然后倒出酒精.

10. 把用待测液(酒精)清洗后的黏度计放入玻璃缸中,并调成铅直状态,固定住黏度计.

11. 将待测液(酒精)从 C 管中灌入,灌到贮液泡体积的 3/4 时,即可停止注入酒精.

12. 重复步骤 5、步骤 6,测量酒精流过 N,N′所用时间 t_2,重复三次,取平均值,填入表 3-5 中.

13. 记下玻璃缸中温度计的度数 T_2.

14. 实验完毕后将酒精倒入回收酒精的烧杯中.

15. 从本实验讲义给的表中,查出实验温度下水的密度 ρ_1 和水的黏滞系数值,再查出待测液密度 ρ_2,根据式(3-12)求出待测液的黏滞系数 η_2.

实验记录

将实验数据填入表 3-5 中.

表 3-5 实验数据记录表

次数 \ 时间	蒸馏水 t_1/s	酒精 t_2/s	绝对误差 Δt_1（蒸馏水）	绝对误差 Δt_2（酒精）
1				
2				
3				
平均				

温度

$$T = \frac{T_1 + T_2}{2}$$

查表:

水的密度 $\rho_1 =$

酒精的密度 $\rho_2 =$

水的黏度系数 $\eta_1 =$

酒精的黏度系数 $\bar{\eta}_2 = \dfrac{\rho_2 \bar{t}_2}{\rho_1 \bar{t}_1} \eta_1$

结果: $\eta_2 = \bar{\eta}_2 + \overline{\Delta \eta_2} =$

注意事项

1. 打气时不要过猛,以免水从 B 管中喷出.

2. 本实验过程中,拿取黏度计及清洗黏度计时要用拇指和食指拿住最粗的管子,即 A 管,切记不可大把抓.

3. 测量过程中,黏度计要竖直放置并放入玻璃缸中.

思 考 题

1. 实验中应注意哪些事项?

2. 本实验中误差产生的主要的原因是什么?

3.3　用斯托克斯公式测定液体的黏滞系数

实验目的

1. 掌握用斯托克斯公式测定液体黏滞系数的方法.
2. 熟悉使用基本测量仪器.

实验仪器

盛有被测液体(甘油)的量筒、温度计、镊子、小球(直径 1.0 mm)、停表、米尺、千分尺和提网等.

实验原理

一半径为 r 的小球,以速度 v 在无限广阔的液体中运动,当速度较小(不产生涡旋)时,根据斯托克斯定律,它所受到的黏滞阻力为

$$F = 6\pi\eta rv \tag{3-13}$$

需要指出的是,力 F 并不是小球表面和流体之间的摩擦力,而是附着在小球表面和小球一起运动的一层液体和周围液体之间的内摩擦力. η 称为黏滞系数或内摩擦系数,它与小球的质料无关,而仅取决于液体的种类和温度. η 的单

位为 Pa・s.

在本实验中,是使小球在甘油中竖直下落,当下落速度增到一定数值时,小球受到的黏滞阻力和重力、浮力达到平衡,因此小球以匀速开始下落,这样就可以测定它的下落速度,由式(3-13)和平衡条件可得

$$\frac{4}{3}\pi r^3 (\rho - \sigma) g = 6\pi \eta r v \tag{3-14}$$

式中,ρ 和 σ 分别是小球和液体的密度. 由式(3-14)可得

$$\eta = \frac{2(\rho - \sigma) g r^2}{9v} \tag{3-15}$$

但此式仅以流体为无限广阔的情况下方能成立. 实际上,小球是在内直径为 d_1 的量筒中下落,因此还需加上一校正系数,同时注意到 $v = |L|/t$($|L|$ 和 t 分别为小球下落的距离和时间),$r = d_2/2$(d_2 为小球直径),于是式(3-15)应改为

$$\eta = \frac{(\rho - \sigma) g d_2^2 t}{18L(1 + 2.4d_2/d_1)} \tag{3-16}$$

在本实验中,取 $(1 + 2.4d_2/d_1) = 1.088$,已知小球密度 $\rho = 7.800 \times 10^3$ kg/m^3,甘油的密度 $\sigma = 1.260 \times 10^3$ kg/m^3,测得 L,t,d_2 等量,便可由式(3-16)算出被测液体甘油的黏滞系数 η.

实验步骤与内容

1. 用千分尺测定小球直径 d_2 五次.

2. 将小球放在盛有被测液体的量筒管中央,使其在液体中徐徐下落. 当落至量筒上部刻度 A(图 3-5)时,启动停表,当落至下部刻线 B 时,止动停表,测出小球通过 A、B 刻线间所需时间 t(注意眼睛应平视刻线 A、B).

3. 用提网将小球提起,重复步骤 2,测五次.

4. 记下油温(即室温 Q),用米尺量 A、B 间的距离 L.

5. 由式(3-16)分别计算出五次测量所得甘油的黏滞系数 η,再算出其平均值.

6. 计算五次测量的绝对误差,再计算平均绝对误差、平均相对误差,并将结果表示为

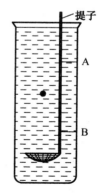

图3-5　实验装置图

$$\eta = \bar{\eta} \pm \overline{\Delta\eta} = \cdots$$

的标准形式($g = 9.8 \ \text{m/s}^2$，ρ 均作为常数处理).

实验记录

有关表格可自行设计.

注意事项

1. 甘油必须静止,油中应无气泡,小球表面必须清洁,表面不带气泡,筒要铅直.

2. 小球应在筒中心徐徐下落,刻线 A 不能取在靠近液面处.

3. 用提网将小球提起时,防止小球从提网与筒间缝隙中掉落筒底.

思 考 题

1. 本实验中应注意哪些问题?

2. 试述用斯托克斯公式测定液体的黏滞系数的实验原理.

附:停表的正确使用方法.

停表也称秒表,表面中心安有秒针(较长的),表面一侧有分针(较短的),一般停表有秒针转动一周 30 s 或 60 s 两种.前者的分针在一分的分格内又分为两段,因秒针转过第一圈时,分针转过前半分格,秒针转过第二圈时,分针则转过后半分格,故秒针的刻度也分成两行,分针在前半分格时,该秒针所指为内圈数字,分针在后半分格时,该秒针所指为外圈数字.一般读数先读分后读秒.秒针转动一圈为 60 s 的直读即可.如秒针针头宽与最小分格大小相近,则读数读到最小分格所示的秒数,但记数时可在读数的最后多加一个零.

停表顶部的带槽小轮与按钮(控制器)安在一起.使用前,沿顺时针方向逐次旋转小轮,直到发条上紧为止,如已上紧,不要再用力扭动.然后检查分针和秒针是否都指在零点.如未指零点,按下按钮,两针即可复位至零.这样便可准备计时了.按下按钮,指针开始走动;第二次再按按钮,指针停止起动;第三次按下按钮,指针返回零位.

使用停表时,最好把表带套在手腕上,以免不慎滑落致损.不要随便乱按按钮,不要用笔或锐物刻画表面.

实验四　静电场的描绘

实验目的

1. 了解用稳恒电流场模拟静电场的原理和条件.
2. 学习用模拟法描绘和研究静电场.

实验仪器

静电场描绘仪、静电场描绘专用电源、毫米方格纸(或白纸)、复写纸.

实验原理

　　带电体在它周围的空间产生电场,电场的性质可用电场强度或电势的空间分布来描述.为了直观、形象地描述电场的分布情况,常用等势面(线)和电力线把电场描绘出来.由于标量在测量和计算上比矢量更简便,所以一般实验方法是先画出电场在一个平面内的等势线,然后由电力线与等势线的关系画出电力线.

　　为了克服直接测量静电场的困难,通常利用稳恒电流场和静电场遵守规律的相似性,用容易直接测量的稳恒电流场模拟静电场.

　　静电场和电流场是两种不同的场,但静电场的电场强度 E_e 和电流场中的电流强度 E_j 都遵守环路定律:

$$\oint_L E_e \cdot \mathrm{d}L = 0 \quad \oint_L E_j \cdot \mathrm{d}L = 0$$

它们都有势函数 U,即电势,并有

$$E_e = -\nabla U \quad E_j = -\nabla U$$

为了达到上述要求,实验中的稳恒电流场必须满足如下条件:

(1)电流场中的电极形状与静电场中的导体相同,而且场中的位置应一致.

(2)电流场中的导电物质应为各向同性的均匀导电物质.

（3）由于电场中带电导体表面为一等势面,因此要求稳恒电流场中电极的导电率远大于导电物质的导电率.

（4）本实验用自来水作为导电物质,将两个电极 A 和 B 置于盛水槽中,分别与电源的两个输出端子相连,则在 A、B 间形成的稳恒电流场可模拟两个带等量异号电荷体系的电场分布.利用探针,通过高阻电压表可以方便地测出电流场中各点的电势,从而描绘出电流场中的等势线. 表 4-1 绘出了几种静电场模拟电极举例.

表 4-1 静电场模拟电极板举例

极型	模拟板型式	等位线、电力线理论图形
长平行导线 （两个点电极）		
长平行板 （平行板电容器）		
长导线对平行面		
长同轴圆筒 （同轴电缆）		

仪器描述

1. 电源

本实验采用电源是指针式交流电源.其优点是可以避免金属电极在水中因电磁作用引起显著的腐蚀,并避免了极化电场的干扰.其电压表选择开关置于电压位置时,可以读出电源输出电压值;选择开关置于测试位置时,可寻找等势点.

2. 静电场描绘仪

本实验采用的是 DZ-Ⅲ 型静电场描绘仪,由双层水槽式及同心探针构成,如图 4-1 所示.双层水槽式结构分上、下两层.上层板安放复写纸、方格纸;下层板安放盛水槽,电极 A、B 置于盛水槽中.位于同一铅直线上的同心探针 C 和 D 分别处于方格纸的上方和水中.在底板上移动支座 E,可通过探针 D 测出水中各等势点,并经探针 C 记录在板中的方格纸上.

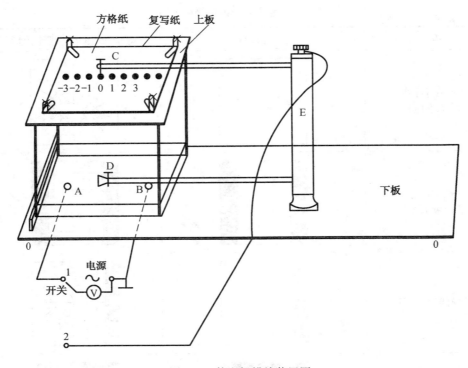

图 4-1 静电场描绘装置图

实验步骤与内容

1. 两点电荷电场的描绘

(1) 将夹有复写纸的方格纸(或白纸)平铺于上层板并夹好.

(2) 将电源的电压输出端子"1"和接地端与电极(板)的正、负极 A、B 相连,将测试端子"2"与探针相连.

(3) 将电极放入水槽中,倒入适量的水(淹没电极),然后将盛水槽放到下层平板上,再将探针 D 置于水中.

(4) 开启电源,将选择开关置于电压位置"1",旋转电压调整旋钮,选择一合适电压,如 8 V,再将选择开关置于测试位置"2",即可利用探针寻找等势点.

（5）移动支座 E,使探针 D 位于电极 A、B 连线的中点,旋转电压调整旋钮,选择一合适电压值,并压下探针 C 打点,即"0"点.然后移动支座 E,通过探针寻找相同电压值的其他等势点,即可在方格纸上描绘出一条等势线.

（6）移动支座 E 带动探针,按照上述方法在上述等势线的左、右两侧测量并描绘出 6～8 条不同的等势线,要求相邻等势线间的电势差为 0.5 V 或 1 V.每种电势在不同方向测定 8 个均匀分布的等势点,用探针记下它们的位置.

（7）取下毫米方格纸,用铅笔描绘出各等势点所在的等势线,根据电力线与等势线相互垂直的关系,描绘出电力线.

2. 平行板电容器电场的描绘

关掉电源开关,换用平行板电极,重复上述步骤,即可描绘出电容器电场的分布.

可根据需要选做其他模拟电极的实验.

注意事项

1. 电极未连好之前不要开启电源,避免造成短路,损坏电源.

2. 实验过程中,不可移动方格纸.

3. 实验过程中,应保持探针 C 和 D 位于同一铅直线上,探针 C 不要贴在纸面上,探针 D 要接触到水中.

实验记录

按实验记录结果,描绘各种带电体系电场的等势线和电力线.

思　考　题

1. 如果电源电压增加一倍,等势线、电力线的形状是否变化？

2. 为什么能利用电流场间接描绘静电场？

实验五 电位差计的使用

5.1 测量温差电动势

1. 了解电位差的工作原理、结构及特点.
2. 了解接触电势差和温差电动势.
3. 学会使用电位差计测量温差电动势和微小电位差.

电位差计、温差热电偶、烧杯、温度计.

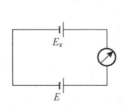

图 5-1 实验电路图

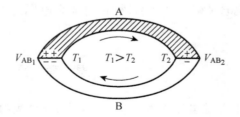

图 5-2 实验原理图

如果要测量未知电动势,可依照图 5-1 安排电路,其中 E 为可调节电压的电源,当电路接通时,调节 E 使检流计指零时,表示该回路中两电源 E 和 E_x 的电动势必然大小相等,方向相反,在数值上有 $E = E_x$,此时称电路达到补偿.

在补偿条件下,如果 E 的数值可知,则 E_x 即可求出,以此原理构成测量电动势或电势差的电学仪器称为电位差计.可见电位差计需要存在一个 E,而且 E

满足两个条件:它的大小便于调节,使 E 和 E_x 补偿;它的电压稳定,能准确读出电压值.

当两种不同的金属相接触时,两种金属相接触的表面各出现异号电荷,在它们之间形成电势差,称为接触电势差.接触电势差的产生有两个原因:一是金属中的自由电子的溢出功不同;二是相互接触的两个金属内部的自由电子密度不同.接触电势差的大小还与温度有关.如图 5-2 所示,将两种不同的金属 A、B 连成闭合回路后,若金属各处的温度都不相同,则回路中总电动势为零回路中无电流.当两接触面处于不同的温度情况下,分别为 T_1 和 T_2 时,回路中则存在电动势,称为温度电动势,它的大小为

$$E = \frac{k}{e}(T_1 - T_2)\ln\frac{n_A}{n_B}$$

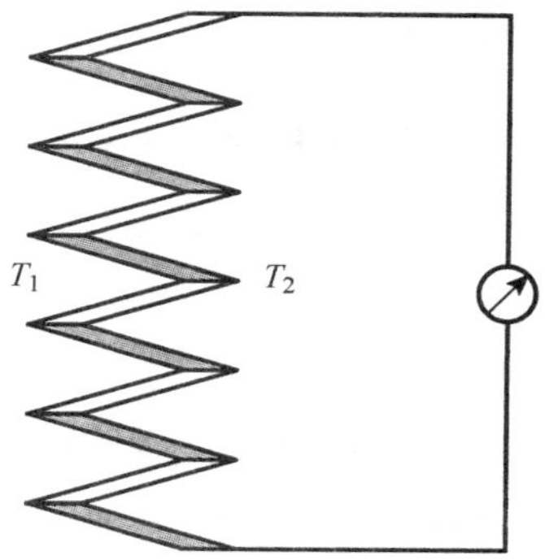

图 5-3　温差电推图

式中,k 为玻耳兹曼常熟常数;e 为单位电量;n_A,n_B 分别为两种不同金属的自由电子密度.

实验中,就是利用箱式电位差计来测量两端处于不同温度情况下的热电偶的温差电动势.为了使温差电动势更加明显,一般将多个热电偶串联成温差电堆进行测量.电堆的构造如图 5-3 所示.

实验步骤与内容

1. 打开电位差计后盖,按极性装入电池,按倍率开关由"断"旋到所需倍率挡,等待 2 分钟,待电路稳定.

2. 调节"调零"旋钮,使检流计指针指零,并将"测量—输出"开关置于"测量"位置.

3. 将扳键开关向"标准",调节"粗""细"工作电流旋转,使检流计指零.

4. 将热电偶的两端分别置于热水和冰水混合物中,把热电偶引出的导线按极性接入电位差计的"+""—"未知旋钮.

5. 扳键开关向"未知",调节Ⅰ、Ⅱ、Ⅲ测量盘,使检流计指零,被测电动势即为测量盘读数之和与所选背率的乘积,记录此时热水的温度.

6. 重复步骤3、步骤5,测量多组数据,填入表格,研究温差电动势变化规律,得出结论.

7. 将热电偶擦拭干净,取出电位差计内的电池,将仪器用具恢复原位.

5.2 测量电动势和电位差

1. 了解电位差计的工作原理、结构及特点.
2. 学会适应电位差计,使用电位差计测量电动势和电位差.

电位差计、电阻箱、万用电表、直流稳压电源、单刀双掷开关、保护电阻、标准电池、被测电池、灵敏电流计、导线.

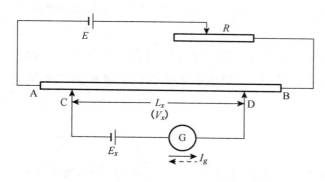

图 5-4 电位差计原理图

用伏特计测量位置电动势时,须有电流流过伏特计.需要取用电池中一定大小的电流.电池是有内阻的,有电流通过时,就会引起内部电势的下降.实际上,伏特计的测量值是电池的极间电位差,比电动势小.用电位差计测量时,可以避免上述情况,其原理如图 5-4 所示. AB 间为一根均匀细长的电阻丝,由于电池 E 的作用,在电阻丝上将产生均匀的电压降落.设 V_0 为电阻丝上单位长度的电势降落,经过调整电阻箱 R 改变主电路中电阻丝 AB 的电流大小可以校正 V_0 为所希望的值,所以 V_0 为已知量.因此,当测出 CD 间电阻丝长度为 L_x 时,则 CD 间的电势差应为

$$V_x = V_{CD} = V_0 L_x$$

只要此式右边都为已知量时,电阻丝上任意两点分压大小都为已知.

当把一待测电源 E_x 按图 5-4 接入 CD 后,当滑动头 CD 改变时,可有以下三种情况产生:

（1）如果 $E_x < V_x$，G 中的电流 I_g 向左流动，如图中虚线箭头所示（电流计指针偏往正方向）．

（2）如果 $E_x > V_x$，情况与上述情况相反．

（3）如果 $E_x = V_x$，G 中无电流通过，这时称谓电位差计平衡，此时 V_x 与 E_x 成极性对抗连接．

在电位差计平衡时，按 $E_x = V_0 L_x$ 测出的值，正是待测电池的电动势．因此，所谓电位差计就是一个分压装置，它的任意两点间的分压大小都为已知量．将一个未知电动势和已知分压相平衡，从而测出位置电动势．

综上所述，本实验采用如图 5-5 所示的连接线路．根据原理，本实验所使用的电位差计总是相应地分以下两步进行：

（1）校准电位差计．就是使电阻丝 AB 流过的电流准确的达到标准值 I_0，方法是将单刀双掷开关 K 倒向 E_s，根据标准电池的电动势 E_s 的大小，取 CD

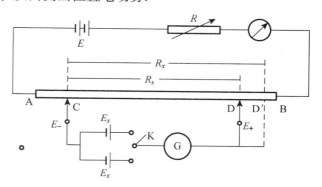

图 5-5　电位差计实验电路图

间的电阻为 R_s，使 $E_s = I_0 R_s$，调节 R，使检流计指针无偏转，电路达到补偿，由于 E_s，R_s 都准确已知，所以 I_0 被精确校准到标准值．

（2）测量位置电动势 E_x．将单刀双掷开关倒向 E_x，只要 $E_x \neq I_0 R_{AB}$，则调节 CD 间的电阻值，一定能找到一个位置使检流计再次无偏转，则 $E_x = I_0 R_x$，从表盘上直接读出 E_x 的大小．本实验所用的电位差计是根据 $I_0 = 10$ mA 时，R_x 与 I_0 的乘积的指标在电位差计的表盘上，所以从表盘上可直接读出 V_x 的值．

实验步骤与内容

1. 按图 5-5 连接好电路，把直流稳压电源 E(6 V)，电阻箱（约 440 Ω）和万用电表（用25 mA挡）接入电位差计的 B_+，B_- 接线柱上（先不要打开电源开关）．

2. 经教师检查线路后，方可打开电源开关．

3. 将单刀双掷开关 K 立起，既不合向"1"端，也不立向"2"端，打开电源开关，观察万用表是否指向 10 mA，如果不是，对电阻箱 R 作调整，使万用表指向 10 mA．

4. 调节电位差计上的步进旋钮和微调旋钮,适量旋钮的值是只正好是 1.018 6 V.

5. 因为标准电池 E_s 的电动势正好是 1.018 6 V,此时将单刀双掷开关倒向 "1"端,检流计应该指示为零,如不是则说明通过电阻丝 AB 的电流不是 10 mA,此时可微调变阻箱 R,使检流计指示为零.

6. 将单刀双掷开关倒向"2"端,调节电位差计的微调旋钮,使检流计指示为零,此时,从电位差计刻度盘上读出的值即为 E_x 的值.

7. 重复步骤 3—6,测量 5 次,E_x 取平均值.

8. 将仪器恢复原位.

实验记录

将实验结果记入表 5-1.

表 5-1　实验数据记录表

	1	2	3	4	5	平均值
E_x						
ΔE_x						

结果:$E_x = \bar{E}_x \pm \Delta \bar{E}_x =$

注意事项

先关电源开关,后拆线.

思　考　题

1. 本实验中,标准电池的作用是什么?

2. 在连接线路时,为什么要预先把电阻箱放在 400 Ω 左右? 校准好电位差计后,R 还能改变吗? 为什么?

实验六　电表改装与万用电表的使用

实验目的

1. 掌握将微安表改装成电流表、电压表和欧姆表的原理和方法.
2. 学会正确使用万用电表测量直流电流和交、直流电流电压及导体电阻.
3. 了解数字万用电表的正确使用方法.

实验仪器

微安表、万用电表、数字万用电表、测量电路板、二极管、电阻箱、干电池两节、电阻两只.

仪器简介

万用电表由表头、选择旋钮和测量电路三个部分组成.

表头的读数盘上有两条常用的刻度线. 标有 Ω 的刻度线是电阻的刻度;标有 mA·V 等符号的刻度线表示交直流电压、直流电流毫安的刻度.

选择旋钮是用来选择万用电表所测量的项目和量程的. 例如,当选择旋钮旋转到 Ω 区的"×10"挡时,测得的电阻值等于指针在刻度线上的读数×10. 又如,当选择旋钮旋转到 V 区的"25 V"挡时,表示指针偏转到满刻度的电压为 25 V. 此时如果指针指在图 6-1 所示位置,从满刻度为 250 V 的标尺上读得是 75 V. 由于实际量程为 25 V,所以实际读数应为75×25/250＝7.5 V. 若从第二行满刻度为 100 V 的标尺上读得 30 V,则实际读数为 30×25/100＝7.5 V,两次结果相同. 以此类推,如果选择旋钮在 mA 区的"2.5 mA"挡时,则图示的读数应为75×2.5/250＝0.75 mA. 测量交流电压时,读数的方法相同. 当然,读得的是交流电压的有效值. 测量前如发现指针偏离刻度线左侧的零点时,可转动机械调零螺丝进行调整.

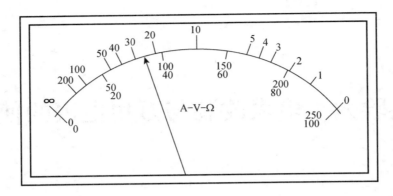

图 6-1　万用电表表盘

实验原理

1. 用微安表较大量程的电流表的原理

(1) 电流表量程的扩大

如果要把量成为 I_g 的微安表(也称表头)改装成量成为 I 的电流表(即安培计),可根据并联电路的分流作用来扩大量程,如图 6-2 所示.图中 R_s 为并联低电阻,称为分流电阻.根据欧姆定律 $I_g R_g = (I - I_g) R_s$ 得

$$R_s = \frac{I_g R_g}{I - I_g} = \frac{I_g}{n - 1} \tag{6-1}$$

式中,R_g 为表头的内阻,$n = I/I_g$,是量程扩大的倍数.由式(6-1)可知,改装后电流表的量程越大,并联的分流电阻越小.

例如,表头的量程为 $I_g = 100\ \mu\mathrm{A} = 0.000\ 1\ \mathrm{A}$,$R_g = 1\ 000\ \Omega$,要改装成量程为 1 A 的电流表,则 $n = 1/0.000\ 1 = 10\ 000$,根据式(6-1),得出

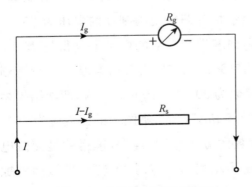

图 6-2　单量程电流表电路图

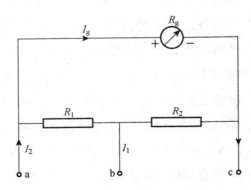

图 6-3　多量程电流表电路图

$$R_{\mathrm{s}} = \frac{1\,000}{10\,000 - 1} \approx 0.1\ \Omega$$

显然,电流表的总内阻 R_{A} 等于 R_{s} 和 R_{g} 的并联值,可用并联电阻公式算出 $R_{\mathrm{A}} \approx 0.1\ \Omega$. 可见,电流表的总内阻是很小的. 用电流表测量电路中的电流时,总是把它串联在电路里,由于 R_{A} 甚小,串入电路后,实际上下不会改变原电路的电流.

(2) 多量程电流表的原理

通常把表头和几个不同部分的分流电阻并联,组成多量程的电流表. 图 6-3 为量程电流表的电路图,图中 c 为公共端,若用 a,c 两端时,量程为 I_2;若用 b,c 两端时,量程为 I_1,现计算分流电阻 R_1 和 R_2 的值,设 $R_{\mathrm{s}} = R_1 + R_2$,由图 6-3 得出

$$(I - I_{\mathrm{g}})R_1 = I_{\mathrm{g}}(R_{\mathrm{g}} + R_2)$$

化简得

$$R_1 = \frac{(R_{\mathrm{g}} + R_{\mathrm{s}})I_{\mathrm{g}}}{I} \tag{6-2}$$

又由

$$(I_2 - I_{\mathrm{g}})R_{\mathrm{s}} = I_{\mathrm{g}}R_{\mathrm{g}}$$

化简得

$$R_2 = \frac{I_{\mathrm{g}}(R_{\mathrm{g}} + R_{\mathrm{s}})}{I_2 - R_1} \tag{6-3}$$

万用电表中有几个量程的电流挡就是根据这个原理设计的.

2. 用微安表改装成电压表

(1) 微安表改装成电压表的原理

电压表即伏特表可用表头串联一只高电阻 R_{p} 组成(图 6-4). 设改装后电压表的量程为 U,当表头的电流表为 I_{g},降落在表头两端的电压 $U_{\mathrm{g}} = I_{\mathrm{g}}R_{\mathrm{g}}$,而大部分电压 $U - U_{\mathrm{g}}$ 却降落在串联的高电阻称为分压电阻.

根据欧姆定律 $U - U_{\mathrm{g}} = I_{\mathrm{g}}R_{\mathrm{g}}$ 可得

$$R_{\mathrm{p}} = \frac{U}{I_{\mathrm{g}} - R_{\mathrm{g}}} \tag{6-4}$$

例如,表头的 $I_g = 0.000\ 1$ A, $R_g = 1\ 000$ Ω,把它改写成为量程为 $U = 50$ V 的电压表,所需串联的高电阻为

$$R_p = \frac{U}{I_g - R_g} = \frac{50}{0.000\ 1 - 1\ 000} = 499\ 000\ \text{Ω}$$

电压表的总内阻为　　$R_V = R_p + R_g = 500\ 000$ Ω

可见电压表的内阻是很高的.用电压表测量电压时,总是把它并联在被测电路中, 红表棒搭在高电位,黑表棒搭在低电位.由于 R_V 甚大,并联后实际上不会改变原 电路的电压.

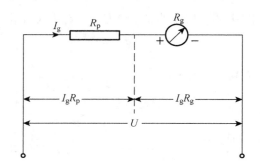

图 6-4　单量程电压表电路图

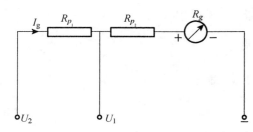

图 6-5　多量程电压表电路图

（2）多量程电压表的原理

把表头配上不同的分压电阻,就可构成不同量程的电压表.如图 6-5 所示就 是有两量程（U_1 和 U_2）电压表的原理图.分压电阻的值可用下列公式计算:

$$R_{p1} = \frac{U_1}{I_g - R_g R_{p_2}} = \frac{U_2}{I_g - (R_g + R_{p_1})} \tag{6-5}$$

（3）交流电压表的原理

直流电压表采用磁电式表头,不 能直接用来测量交流电压,必须配以 整流器,将交流电变成直流电后,方能 在表头上指示出来.图 6-6 所示为用 晶体二极管 D 作为半波整流电路的交 流电压表.由于交流电压在实用上是 用有效值来表示的,所以电表的刻度 也是有效值.

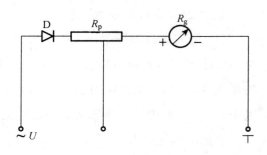

图 6-6　交流电压表电路图

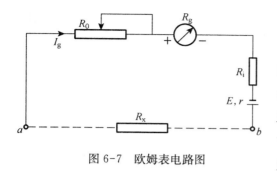

图 6-7　欧姆表电路图

3. 用微安表改装成欧姆表

图 6-7 是欧姆表的原理电路,它由表头、电池、电阻 R_i 和调零电阻 R_0 组成. 在 a, b 两端即红、黑两表棒之间检测电阻 R_x, 测量前先把两表棒短路,即 $R_x = 0$, 调节调零电阻 R_0 使表头指针指到刻度线右端的满度,即欧姆表的零点. 此时,电路中的电流

$$I_g = \frac{E}{R_g + R_0 + R_i + r} = \frac{E}{R_Z} \tag{6-6}$$

式中, $R_Z = R_g + R_0 + R_i + r$ 称为欧姆表的综合电阻. 这一步骤称为欧姆表的调零.

测量未知电阻 R_x 时,将它接入两表棒之间,则电路中的电流为

$$I = \frac{E}{(R_Z + R_x)} \tag{6-7}$$

由上式可见,当 E 和 R_Z 恒定时, I 仅随 R_x 而变. 他们之间有一一对应的关系. 如果在刻度线上不同刻度位置刻出相应的电阻值,那么在测量未知电阻时就可以在刻度线上直接读出被测电阻的数值. 从式(6-7)还可以看出, R_Z 值越大, I 越小,表头指针偏转的角度越小,刻度的间隙也越小. 当 $R_x \to \infty$ 时,即 a, b 间开路时, $I \to 0$, 指针在刻度线左端不动,所以刻度线左端的欧姆刻度为 ∞, 当 $R_x = R_Z$ 时, $I = I_g/2$, 指针将在刻度线的中央,所以 R_Z 又称为中值电阻.

综上所述,当 R_x 在 $0 \to \infty$ 之间变化时,指针将在刻度线右端到左端位置变化,正好与电流表、电压表的刻度相反. 另外,标尺的刻度是不均匀的, R_x 越大,刻度越密. 读数时必须注意.

为了精细地读数,万用电表中欧姆挡有多种挡位. 不同挡位的中值电阻是不同的,不同挡位之间通常采用十进制. 具体线路较复杂,不在这里讲述. 测量时,究竟应选择哪一挡位,这要看被测电阻的值而定. 原则上应尽量选用 R_x 在该挡次的中值电阻附近.

应该指出的是,由于新旧电池内阻 R 的变化,或者在换挡使用时,由于电路参数的变化,式(6-6)的条件往往不能满足. 也就是说,当 $R_x = 0$ 时,电路中的电流将不等于 I_g, 表头的指针并不指在刻度线又断的 $0\ \Omega$ 处,产生了系统

误差. 因此,测量前必须通过调零,以改变 R_0 的阻值来满足式(6-6)的要求,从而达到 I 与 R_x 的函数关系式(6-7)不变的目的.

实验步骤与内容

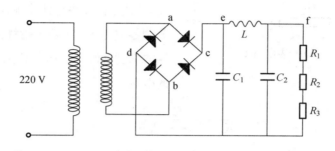

图 6-8　电原实验板电路图

1. 数字万用表测量电阻

测量三个不同阻值的电阻 R_1,R_2,R_3,每个测量三次,将结果填入表6-1 中.

(1)测量步骤

首先将红表笔插入 VΩ 孔,黑表笔插入 COM 孔,量程旋钮转到"Ω"量程挡适当位置,分别用红黑表笔接到电阻两端金属部分,读出显示屏上显示的数据.

(2)注意事项

量程的选择和转换. 量程选小了,显示屏上会显示"1."此时应换用较之大的量程;反之,量程选大了,显示屏上会显示一个接近于"0"的数,此时应换用较之小的量程.

显示屏上显示的数字再加上边挡位选择的单位就是读数. 需要提醒的是,"200"挡时的单位是"Ω","2 k~200 k"挡时的单位是"kΩ","2 M~2 000 M"挡时单位是"M".

如果被测电阻值超出所选择量程的最大值,将显示过量程"1",应选择更高的量程;对于大于 1 MΩ 或更高的电阻,需要几秒钟后读数才能稳定,这是正常现象. 当没有连接好时,如开路情况,仪表显示为"1".

当检查被测线路的阻抗时,应移开被测线路中的所有电源、电容. 被测线路中,如有电源和储能元件,会影响线路阻抗测试正确性.

2. 数字万用表测量直流电压

将 R_1,R_2,R_3 三个电阻串联接入电路板中,测量 U_{fg},U_{R1},U_{R2},U_{R3},将结

果填入表6-1.

（1）测量步骤

将红表笔插入VΩ孔,黑表笔插入COM孔,量程旋钮转到"V－"适当位置,读出显示屏上显示的数据.

（2）注意事项

把旋钮转到比估计值大的量程挡(注意:直流挡是 V－,交流挡是 V～),接着把表笔接电源或电池两端,保持接触稳定.数值可以直接从显示屏上读取.若显示为"1.",则表明量程太小,需要加大量程后再测量;若在数值左边出现"－",则表明表笔极性与实际电源极性相反,此时红表笔接的是负极.

3. 数字万用表测量交流电压

测量电路中a,b两点的交流电压U_{ab},将结果填入表格中.

（1）测量步骤

将红表笔插入VΩ孔,黑表笔插入COM孔,量程旋钮转到"V～"适当位置,读出显示屏上显示的数据.

（2）注意事项

表笔插孔与直流电压的测量一样,不过应该将旋钮转到交流挡"V～"处所需的量程即可.交流电压无正负之分,测量方法跟前面相同.无论测交流电压还是直流电压,都要注意人身安全,不要随便用手触摸表笔的金属部分.

4. 数字万用表测量直流电流

取出电路中的电阻R_2,将万用表串联在电路中(万用表取代R_2)测量出直流电流I,将结果填入表6-1.

（1）测量步骤

断开电路,将黑表笔插入COM端口,红表笔插入mA或者20 A端口,功能旋转开关转至"A－"(直流),并选择合适的量程.断开被测线路,将数字万用表串联入被测线路中,被测线路中电流从一端流入红表笔,经万用表黑表笔流出,再流入被测线路中,接通电路,读出LCD显示屏数字.

（2）注意事项

估计电路中电流的大小.若测量大于200 mA的电流,则要将红表笔插入"20 A"插孔,并将旋钮转到直流"20 A"挡;若测量小于200 mA的电流,则将红表笔插入"200 mA"插孔,将旋钮转到直流200 mA以内的合适量程.将万用表串进电路中,保持稳定,即可读数.若显示为"1.",那么就要加大量程;如果在数值左边出现

"—",则表明电流从黑表笔流进万用表.

数据记录与处理

计算出每个测量项目的平均值,计入表 6-1.

表 6-1 实验数据记录表

测量项目	次数	1	2	3	平均值
电阻值	R_1				
	R_2				
	R_3				
交流电压	U_{ab}				
直流电压	U_{fg}				
	U_{R1}				
	U_{R2}				
	U_{R3}				
直流电流	I				

实验七　惠斯通电桥原理和使用

实验目的

1. 掌握惠斯通桥式电路的原理和使用方法.
2. 掌握利用惠斯通桥式电阻箱测电阻的方法.

实验仪器

惠斯通电桥（QJ23 型桥式电阻箱）、标准电阻（3 个）.

实验原理

惠斯通电桥的原理如图 7-1 所示.其中 R_1，R_2，R_3，R_4 四个电阻连成四边形 ABCD 构成电桥的四个臂，A，B 两点经可变电阻 R、开关 K 与电源 E（内阻计入 R 之中）相连通，C，D 两点之间连接一个检流计 G，作为比较 C，D 两点电位的桥梁，"桥"的名称亦由此而来.

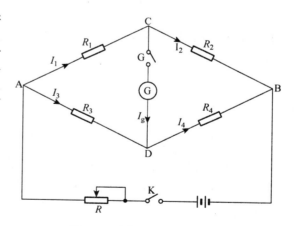

图 7-1　惠斯通电桥原理图

合上开关 K，调节四个臂中的任一个（或几个）臂的电阻值，可以是通过检流计的电流 $I_g = 0$ 知道 $I_1 = I_2$，$I_3 = I_4$. 由 $V_C = V_D$ 得 $U_{AC} = U_{AD}$，$U_{CB} = U_{DB}$.

$$I_1 R_1 = I_3 R_3$$
$$I_2 R_2 = I_4 R_4$$

联立上面两式,解之得

$$\frac{R_1}{R_2} = \frac{R_3}{R_4}$$

此即电桥平衡条件,它常被用来比较精准地测定中等范围($1\sim10^6\,\Omega$)内的电阻值.用待测电阻 R_x 代替任一个臂的电阻(如 R_1),把电桥调平衡,就有

$$R_x = \frac{R_3}{R_4}R_2$$

一般情况下,合上开关 K 后,在检流计中有电流 I_g 流过,此时称为不平衡电桥.对于不平衡电桥通过检流计的电流可应用基尔霍夫定律求解

$$I_g = \frac{R_2R_3 - R_1R_4}{\Delta}E$$

其中

$$\Delta = R_gR(R_1 + R_2 + R_3 + R_4) + R_g(R_1 + R_2)(R_3 + R_4) + $$
$$R(R_1 + R_3)(R_2 + R_4) + R_1R_2(R_3 + R_4) + R_3R_4(R_1 + R_2)$$

揭示了 I_g 与电路中各元件之间的关系,它在测量和自动控制机构中有着非常广泛的应用.

实验步骤与内容

1. 电桥接通电源,打开开关,将电压挡调节至适当的挡位.

2. 指零仪开关拨向"内接",按下"G"键,将灵敏度按钮调至最大,调零.

3. 将待测电阻用万用电表粗测一下,得出大致的阻值大小,将电阻 R_x 接入面板上两接线柱 x_1,x_2 之间,并根据粗测的阻值选取适当的量程.

4. 按下"B"键,依次调节测量盘"×1 000""×100""×10""×1"各按钮,使得指针归零.

5. 读取待测电阻阻值 R_x(R_x = 测量盘读数 × 倍率).

6. 断开电路,先按起"G"键,再按起"B"键,将测量盘读数归零.

7. 重复步骤 2—6,将每个待测电阻测量三次,将数据记入表 7-1.

8. 测量结束后,切断电源,将"电源选择"开关拨向"断开".

表 7-1　实验数据记录表

	1	2	3	平均值
R_1				
R_2				
R_3				

注意事项

1. 测量电阻时,注意检流计的保护.

2. 测量时,如果发现检流计摆动不灵敏或是微安计调不到满偏,是因为电源不足,此时应更换电源.

实验八　交流电路中参量的测量

实验目的

1. 学会 RLC 串联交流电路中阻抗的测量方法,加深对交流电路性质的理解.
2. 验证交流欧姆定律.

实验仪器

整流器、电阻箱、电容器、真空管毫伏表(或交流电压表)、变压器、开关、导线等.

实验原理

RLC 串联交流电路

在由电阻 R、电感 L 及电容 C 串联的交流电路中,如电路的两端接入有效值为 U 的正弦式交流电压,则电路中电流的有效值 I,遵从关系式

$$I = \frac{U}{Z} \tag{8-1}$$

式(8-1)是有效值形式的交流电路的欧姆定律,式中,Z 为电路的总阻抗,与 R,L,C 之间的关系为

$$Z = \sqrt{R^2 + (X_L + X_C)} \tag{8-2}$$

式中,$X_L = U_L / I = 2\pi f L$ 为感抗;$X_C = U_C / I = 1/2\pi f C$ 为容抗.

电路两端总电压的有效值适量 U 与电阻、电感、电容各元件两端电压有效值矢量

$$U = U_R + U_L + U_C \tag{8-3}$$

如以串联电路中的电流有效值矢量 I 为参考矢量,考虑到各电压相对于电流的相

差,则(8-3)可用矢量图 8-1 表示.图中 Φ 表示电路总电压 U 与电路中电流 I 之间的相差.

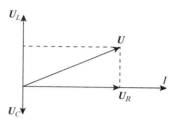

图 8-1　RLC 串联交流电路电流、电压矢量图

本实验利用 RLC 串联交流电路中 R,L 串联部分的电压、电流矢量图,求出日光灯整流器线圈的电感 L 和内阻 r,并计算出电容器的电容 C.实验线路如图 8-2 所示,图中 R 是电阻箱 $R = 1\,000\,\Omega$,L 是整流器(可看成由纯电感 L 和内阻 r 串联而成),C 是电容器.电路中电源有效值为 U,电源电压的频率 $f = 50\,\text{Hz}$,电流有效值为 I.

根据图 8-1 所示电感和电阻上的电压与电流的相差关系,图 8-2 中 R,L 串联部分的各电压的相位关系可以用矢量图 8-3 表示.图中 U_R 为电阻箱两端电压, U_RL 为电阻箱和整流器串联部分的总电压, U_l 为整流器两端的电压, U_L 为电感两端的电压, U_r 为电阻 r 两端的电压, θ 为 U_RL 与 I 的相差.

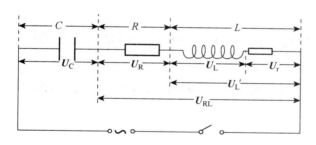

图 8-2　RLC 串联电压关系图

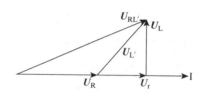

图 8-3　RL 串联电路电压电流矢量

根据图 8-3,可得如下计算公式:

$$U_\text{L'}^2 = U_\text{RL'}^2 + U_\text{R}^2 - 2U_\text{RL}U_\text{R}\cos\theta$$

$$\cos\theta = \frac{(U_\text{RL'}^2 + U_\text{R}^2 - U_\text{L'}^2)}{2U_\text{RL}U_\text{R}} \tag{8-4}$$

$$\sin\theta = \sqrt{1 - \cos^2\theta} \tag{8-5}$$

$$U_\text{L} = U_\text{RL'}\sin\theta \tag{8-5}$$

$$U_\text{r} = U_\text{RL'}\cos\theta - U_\text{R} \tag{8-6}$$

因电阻箱阻值已知,故可得 $I = U_\text{R}/R$,利用式(8-4)—式(8-6)可求得

$$X_\text{L} = \frac{U_\text{L}}{I} = 2\pi fL$$

$$L = \frac{U_\text{L}}{2\pi fI} = \frac{U_\text{RL'}\sin\theta}{2\pi fI}$$

$$r = \frac{U_r}{I} = \frac{(U_{RL'} \cos \theta - U_R)}{I}$$

$$X_C = \frac{U_C}{I} = \frac{1}{2\pi fC}$$

$$C = \frac{1}{2\pi f U_C}$$

用仪表测出 $U_{RL'}$，U_R，$U_{L'}$，U_C，代入以上各式，即可算出 L，r，C 以及 X_L，X_C 之值，再测出总电压 U，则可验证有效值形式的交流电路欧姆定律.

$$I = \frac{U}{Z} = \frac{U}{\sqrt{(R+r)^2 + (X_L - X_C)^2}}$$

与 $I = \dfrac{U_R}{R}$ 比较，验证其理论与实验的符合程度.

仪器描述

本实验主要介绍真空管（或晶体管）毫伏表. 它是一种用于测量正弦交流电压有效值的电子仪器，其优点是输入阻抗高、灵敏度高，而且可使用的频率高. 按其适用的频率范围大致可分为高频毫伏表和低频毫伏表两类. GB-9 型真空管毫伏表是最常用的一种低频毫伏表，特简介如下：

1. 主要技术指标

（1）测量电压范围 1 mV～300 V，分 10 个量程：10 mV, 30 mV, 30 V, 100 V, 300 mV, 1 V, 3 V, 10 V, 30 V, 100 V, 300 V.

（2）频率范围 25 Hz～200 kHz.

2. 面板布置和各旋钮的作用

仪器面板布置如图 8-4 所示.

3. 使用方法

（1）预热将量程开关旋到最大量程（300 V），接通电源预热 3～5 min.

（2）调零将输入端 1 两端接线柱短路，量程开关置于最小挡（10 mV），调节"零点调整"旋钮，使电表指示为零.

（3）测量去掉短路线，根据被测量电压数值范围选择适当的量程. 若事先不知，可将量程旋钮先置于最大挡，接入被测电压后，再根据读数逐渐减小量程，直到量程合适为止.

（4）使用完毕，先将量程旋钮置于最大挡，然后再关掉电源.

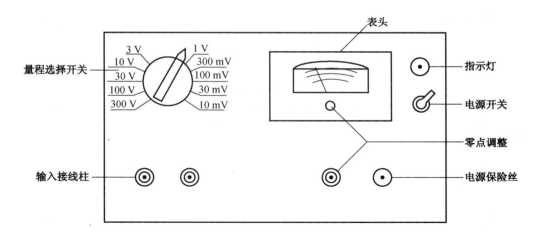

图 8-4　真空管毫伏表面板图

实验步骤与内容

RLC 串联交流电路的测量:

(1) 按图 8-2 接好线路(电阻箱值取 1 kΩ),用变压器将频率 $f = 50$ Hz 的 200 V 交流电压调到 6 V.

(2) 保持电源频率和电压值不变,用真空管毫伏表(或交流电压表)分别测量出 U, U_R, U_L, U_C 各测三次,将所测数据填入表 8-1.

(3) 去各测量值的算术平均值,代入公式计算出 $\bar{L}$, $\bar{r}$, $\bar{C}$, $\bar{Z}$.

(4) 验证交流电路的欧姆定律,与 $I = U_R/R$ 比较,求出相对误差.

注意事项

1. 将真空毫伏表输入端短路线调零时,应先接地线接线柱;去掉短路线时,应后从地线接线柱取下. 如果次序相反,会引起很大的干扰电压,严重时可能撞弯电表指针.

2. 测量时,仪器地线应与被测电路衔接在一起,以免引入附加干扰电压而影响测量的准确性.

3. 使用交流电压表要注意选用适当的量程,以免损坏表头.

4. 实验时要切实遵守操作规程,防止触电事故,一旦发生异常,不要慌乱,应立即切断电源,经教师检查排除故障后,再接通电源继续实验.

数据记录与处理

将实验数据填入表 8-1.

表 8-1　串联交流电路时电压测量值　　　　　单位：V

物理数量据	U	$U_{RL'}$	U_R	$U_{L'}$	U_C
1					
2					
3					
平均值					

$$\bar{I} = \frac{\bar{U}_R}{R}$$

$$\cos\theta = \frac{\bar{U}_{RL'}^2 + \bar{U}_R^2 - \bar{U}_{L'}^2}{2\bar{U}_{RL}\bar{U}_R}$$

$$\sin\theta = \sqrt{1 - \cos^2\theta}$$

$$\bar{L} = \frac{\bar{U}_L}{2\pi f\bar{I}} = \frac{\bar{U}_{RL'}\sin\theta}{2\pi f\bar{I}}$$

$$X_L = 2\pi f L$$

$$C = \frac{\bar{I}}{2\pi f\bar{U}_C}$$

$$X_C = \frac{1}{2\pi f C}$$

验证交流电路的欧姆定律

$$Z = \sqrt{(R+r)^2 + (X_L - X_C)^2}$$

$$\bar{I}' = \frac{\bar{U}}{Z}$$

与 $\bar{I} = \bar{U}_R/R$ 比较，求出相对误差

$$E = \frac{|\bar{I}'|}{|\bar{I}|} \times 100\%$$

思　考　题

在 RLC 串联交流电路中,为什么电感 L 或电容 C 两端的电压有可能高于总电压?

实验九　用衍射光栅测定光波波长

实验目的

1. 了解分光计的调整和使用.
2. 观察光栅衍射现象.
3. 掌握用透射光栅及分光计测定波长.

实验仪器

分光计、透射光栅、钠光灯.

实验原理

衍射光栅是由大量等宽等距的平行狭缝组成的一种光学器件. 当一束平行单色光垂直地投射到光栅平面上且透过光栅时,每条狭缝都使光波产生衍射,所有的衍射光相遇彼此产生干涉. 利用汇聚透镜于它的焦平面上,从而得到衍射光纹. 凡衍射角满足光栅方程:

$$(a+b)\sin\theta = k\lambda, \quad k = 0, \pm 1, \pm 2, \cdots \quad (9\text{-}1)$$

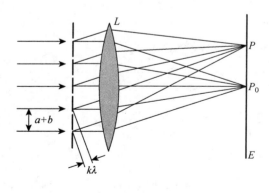

图 9-1　光栅衍射图

的衍射光,将会加强而产生亮条纹,其他方向由于光线的抵消或部分抵消作用,对单色光而言,将会呈现黑暗区域,如图9-1所示. 当 $k=0$ 时, $\theta=0$ 得零级(中央)亮条纹;当 $k=\pm 1$, ± 2, $\cdots$等整数时,分别获得以零级亮条纹为中心,两侧相互对称的一级、二级$\cdots$亮条纹.

若测出第 k 级衍射亮条纹对应的衍射角 θ,则可根据一致的光栅 $a+b$,计算

出待测光波的波长 λ.

仪器描述

分光计是一种观察光谱和精确测量角度的光学仪器,它由底座、平行光管、望远镜、载物平台和读书圆盘五个部分组成.图 9-2 是 JJY 型分光计的外形图.

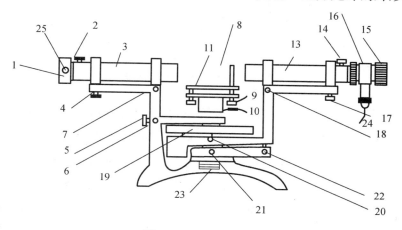

图 9-2　JJY 型分光计

1—狭缝装置;2—狭缝装置伸缩锁紧螺钉;3—平行光管;4—平行光管光轴高低调节螺钉;
5—游标盘锁紧螺钉;6—游标盘微调螺钉;7—平行光管光轴水平微调螺钉;8—夹具弹簧;
9—载物平台调平螺钉;10—载物平台升降锁紧螺钉;11—载物平台;12—中心轴;13—望远镜;
14—目镜伸缩锁紧螺钉;15—目镜调焦手轮;16—阿贝式自准直目镜;17—望远镜高低调节螺钉;
18—望远镜光轴水平微调螺钉;19—游标盘;20—转座与刻度盘锁紧螺钉;
21—望远镜锁紧螺钉(在另一侧);22—望远镜微调螺钉;23—插座;24—电源插头;
25—狭缝亮度调节手轮

1. 底座

底座是整个分光计的支架,其中心有一垂直方向的转轴,即仪器的中心轴,望远镜、刻度盘及游标盘均可绕该轴转动.

2. 平行光管

平行光管的作用是用来获得平行光.一端为透镜,另一端为宽度可以调节的狭缝.松开狭缝锁紧螺钉,可前后移动狭缝套管,改变和透镜的距离.当狭缝处在透镜的焦平面上时,从狭缝射入的光线经透镜后成平行光.螺钉 7、4 分别用来调节平行光管的水平和高低位置.

3. 望远镜

望远镜,又称阿贝式自准直望远镜,它由消色差目镜、全反射棱镜、分划板和消色差物镜组成,如图 9-3 所示.物镜装在镜筒的一端,阿贝目镜装在镜筒的另一

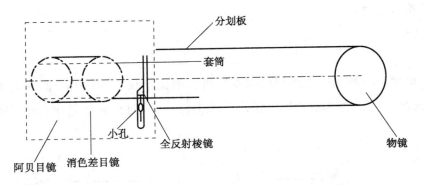

图 9-3 阿贝式自准直望远镜

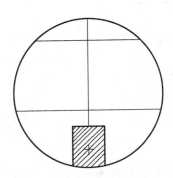

图 9-4 分划板上的双十字线

端套筒中.松开螺钉 14,套筒可在镜筒中前后移动或转动,以改变分划板与物镜间的距离,使分划板能调到物镜的焦平面上.在目镜套筒的侧面开有一个小孔,小孔旁装有一个小灯泡,它发出的光束经棱镜全反射后照亮分划板上小十字缝,并沿望远镜筒向外传播.调节手轮 15 可改变目镜和分划板的相对位置,即对目镜调焦.当分划板处于目镜的焦平面上时,即能看清分划板上的双十字线,如图 9-4 所示.

调节螺钉 17、18 可改变望远镜高低和水平位置,使之垂直于仪器中心轴.螺钉 21 用来固定望远镜,锁紧后,可用螺钉 22 微调望远镜的水平位置.

4. 载物平台

载物平台用来放置平面镜、三棱镜、光栅等光学元件.平台下方有三个螺钉 9,用来调节平台水平,使之与中心轴垂直.平台通过调节螺钉 10 的松紧,既可连同游标盘一起绕中心轴旋转,也可单独绕中心轴旋转,还可根据需要将载物台平台升高或降低.

5. 读数圆盘

读数圆盘由可绕中心轴转动的刻度盘和游标盘组成,用来确定望远镜和载物平台的相对方位.锁紧螺钉 20、望远镜可与刻度盘一起转动.刻度盘将 360° 等分720 个分格,每小格为 0.5°(即 30′).松开螺钉 5,游标盘可带动载物平台绕中心转动.当螺钉 5 锁紧时,可用螺钉 6 微调游标盘位置.在游标盘上,相隔 180° 有个位置对称的两个游标读数装置,各有 30 个分格,它和刻度盘上 29 个分格的角度相等,因此游标精度为 1′.该读数方法见游标原理,如图 9-5 所示的读数为

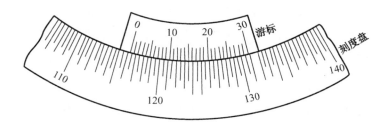

图 9-5　刻度盘及游标

$$116° + 1' \times 12 = 116°12'$$

为了消除由于游标盘可能不是严格的同心所造成的偏心误差,每次测量必须分别读出两个游标的数值,然后取平均值.

实验步骤与内容

1. 分光计的调节

调节分光计的要求是:使望远镜聚焦于无穷远,平行光管发出平行光,望远镜和平行光管的光轴与仪器的中心转轴垂直.首先进行粗调,即用眼睛估测;调节螺钉 17 使望远镜大致水平;调节螺钉 9 使载物台大致水平;调节螺钉 4 使平行光管大致水平.

（1）调节自准直望远镜

① 将平面镜放在载物平台中央,使镜面与台下某两个螺钉如 A、C 连线的垂直平分线同在一平面内,如图 9-6 所示,并用夹具弹簧片固定.

② 接通目镜照明电源,照亮绿色十字窗口.

③ 旋转目镜调焦手轮 15,使通过目镜能观察到分划板上清晰的双十字线.

④ 松开载物平台升降锁紧螺钉 10,调节平面镜中心,使其与望远镜光轴基本同高,拧紧螺钉 10.放松游标盘锁紧螺钉 5,慢慢转动载物平台,同时从望远镜观察反射回来的绿色"＋"字像光斑.若不出现,则应反复调节望远镜光轴高低调节螺钉 17,直至看到淡绿色"＋"字像的光斑为止.

⑤ 松开螺钉 14,将整个目镜前后移动,使绿色"＋"字像在视场内清晰无差（左右晃动头部,观察不到绿色"＋"字像与分划板上双十字线的相对运动）.此时望远镜已聚焦于无穷远,拧紧螺钉 14.

（2）调节望远镜与分光计中心轴垂直

首先使望远镜分别对着平面镜的两个反射面时,都能看到反射回来的绿色

"+"字像.然后采用望远镜与载物平台的"减半逼近"调节法,即将望远镜对着平面镜中的一个反射面,调节图 9-6 的调平螺钉 A 或 C,使绿色"+"字像的中点向分划板上方的十字线逼近一半,另一半则调节望远镜光轴高低调节螺钉,使绿色"+"字像与分划板上方十字线重合.然后载物台旋转 180°,使平面镜的另一反射面对准望远镜.再用上面方法调节,使绿色"+"字像的中点逼近分划板上方十字线,并无视差的重合.如此反复调节多次,使望远镜对准任意反射面时绿色"+"字像与分划板上方十字线都处于重合,如图 9-7 所示.这时表明两个反射面均与中心转轴平行,而望远镜光轴则与中心转轴垂直.

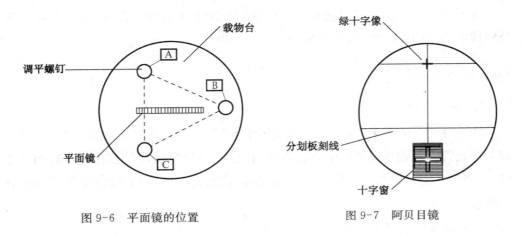

图 9-6　平面镜的位置　　　　　图 9-7　阿贝目镜

(3) 调节平行光管

① 取下平面镜,将已调好的望远镜对准平行光管,松下螺钉 2,将狭缝 1 调到竖直位置,并用灯光照亮狭缝,伸缩狭缝套筒,使由望远镜看到的狭缝的像与分划板中心垂直重合,既清晰又无色差.这时平行光管射出的是平行光.

② 把狭缝 1 转到水平位置,调节平行光管光轴高低调节螺钉 4,使其像与分划板的水平刻度线重合.这时平行光管与望远镜共轴,狭缝被分划板的中心垂直线平分.

③ 将狭缝 1 转回垂直位置,并与分划板中心垂线重合,并适当调节缝宽.调节过程需保持像的清晰度.

2. 利用透射光栅测波长

(1) 调节光栅平面,使其与平行光管、望远镜光轴垂直.以光栅面为反射面,用自准法调节光栅面,使其与望远镜相垂直.注意:此时望远镜已调好,不必再调.这时只需调节图 9-6 中的调平螺钉 A、C,当光栅面反射回来绿色"+"字像能与分划板上方的十字线相重合时,即锁紧游标盘锁紧螺钉 5,这时光栅平面与中心转轴平行,且垂直于平行光管和望远镜主轴.

（2）调节光栅刻痕与转轴平行,用钠光灯照亮狭缝,松开望远镜锁紧螺钉 21,转动望远镜,可观察到衍射光谱 $k=\pm1$,$k=\pm2$ 级亮条纹.注意观察各条谱线的中点是否在分划板中央十字线的中心点.如果不是,表明光栅刻痕与仪器中心转轴不平行,可调节图 9-6 中的调平螺钉 B(切勿动 A、C)予以纠正.然后再次检查光栅平面是否与仪器中心轴平行,如有改变,还要反复调节,直到两个要求均能满足为止.

（3）测定钠黄光线的波长

① 转动望远镜,使零级像与分划板中心垂直重合,在刻度盘的对径方向上,读出望远镜所在对径位置 φ_0 和 φ_0',记入表 9-1 内.

② 将望远镜向左转动(注意:转动前先拧紧螺钉 5 和 20,使望远镜与刻度盘一起转动,而游标不动).找到一级像,使其与分划板中心垂线重合,在刻度盘上读出望远镜的对径位置 $\varphi_左$ 和 $\varphi_左'$,记入表 9-1 内.

③ 将望远镜向右转动,与步骤②相同.读出 $\varphi_右$ 和 $\varphi_右'$,记入表 9-1 内.

（4）观察连续光谱,将狭缝光源换成白炽灯,可观察连续光谱.

注意事项

1. 实验用的光栅是由明胶印制而成的复制光栅,它是一种精密、易碎的光学元件,使用时应小心谨慎,不允许用手触摸或纸擦,以免损坏刻痕表面.

2. 分光计是精密的光学仪器,一定要小心使用,转动望远镜前,要先拧松固定螺钉;转动望远镜时,只能用手持着它的支架转动,不能用手持望远镜筒转动.

3. 测量过程中,应保持装置工作状态不变.

数据记录与处理

表 9-1　一级谱线的衍射角

中　央　亮　纹			
谱线位置	$\varphi_0=$	对径位置	φ_0'
一　级　谱　线			
左转位置	$\varphi_左=$	对径位置	$\varphi_左'$
右转位置	$\varphi_右=$	对径位置	$\varphi_右'$
衍射角	$\bar{\theta}=\dfrac{|\varphi_右-\varphi_左|+|\varphi_右'-\varphi_左'|}{4}=$		

钠黄光波长的公认值 $\lambda_0 = 589.3$ nm,光栅常数 $(a+b)=$

根据 $(a+b)\sin\theta = k\lambda$ $(k=1)$

则 $\lambda = (a+b)\sin\theta$

相对误差 $E = |\lambda - \lambda_0|/\lambda_0 =$

绝对误差 $\Delta\lambda = E \cdot \lambda_0 =$

钠黄光波长的测量结果为 $\lambda' = \lambda \pm \Delta\lambda =$

思 考 题

1. 如果欲将相邻两条光谱分的更开些,本实验应该如何改进?

2. 用白光做上述实验,能观察到什么现象,怎样解释这个现象?

3. 两次读数间,如果经过 0°位置,应该如何计算角度?

实验十　显微摄影

1. 了解显微镜摄影的基本原理.
2. 学习显微摄影及冲洗胶片的操作方法.

实验仪器

XSS-2 摄影生物显微镜一套、胶卷、标本片、显影罐(定影罐)、暗袋、显影液、定影液、电吹风.

实验原理

显微摄影是把显微镜的物镜和目镜所组成的光学成像系统作为摄影仪的镜头,将用肉眼无法看清的标本拍摄记录在感光底片上.普通生物显微镜的成像过程,使得最后从目镜中观察到的像是放大了的虚像.而作为显微摄影,其目镜必须将物镜所成的倒立放大的实像 y',再成一倒立放大的实像 y'' 于感光底片所在平面上,适当增大标本与物镜之间的距离或改变物镜与目镜之间的距离,使物镜所成像 y' 在目镜焦点的外侧可满足条件.

显微摄影的光路如图 10-1(a)所示,照明装置发出的光线(或用自然光)经汇聚透镜 L,透过标本 y 经物镜 L_1 成一倒立放大的实像 y',于目镜 L_2 焦点的外侧,y' 再经目镜成一倒立放大的实像 y'' 于放置感光底片的平面.如控制涂有卤化银乳胶的感光底片曝光,将形成潜影,感光后底片经过显影、定影和水洗过程,应得到一张黑白层次的实物显示层次相反的底片,叫做负片.

显微的作用是使在曝光过程中形成潜影的底片在显影液的化学作用下,以受到光照时已析出的银原子为显影中心,将附近卤化银微粒的银原子还原出来.感光强的部分显影中心多,受显影液作用析出的银原子就多,发黑的程度就强;而未受光照的部分则保持底片上原胶乳的色泽.经过一定的显影时间,一幅发黑程度正比于感光程度的黑白图像就会呈现出来. 但是, 这样显示出来的图像不稳定, 还需要进行定影和水洗.

定影的作用是将底片上未感光的卤化银微粒全部溶去, 以防止他们继续感光变黑, 而将正常拍摄感光显影出来的图像掩盖掉. 这样就把已被还原的金属银粒固定下来了.

水洗是用水冲去留在定片上的定影液, 消除定影液的持续作用, 避免底片日久变黄. 水洗后把底片晾干, 就得到一张黑白层次与实物相反的底片了.

仪器介绍

XSS-2 摄影生物显微镜结构如图 10-1(b) 所示. 照明系统由聚光灯、可变光阑、照明装置 (集光镜和钨卤素灯) 组成. 钨卤素灯发出的光经集光镜成平行光, 聚光镜汇聚透过标本, 经摄影物第一次放大成倒立的实像, 再经摄影目镜 (位于拉筒内) 第二次放大成倒立的实像于摄影仪底片上.

实验步骤与内容

1. 拍摄

(1) 将所观察的标本放在工作台上夹好, 开启光源, 推进拉杆, 从取景器观察, 调节显微镜, 使标本成像清晰, 光线亮度调节适当.

(2) 取下 135 相机镜头, 替换上夹圈, 通过螺钉使相机机身与摄影取景器相连.

(3) 操作练习: 拉出拉杆, 使用相机试拍摄几次.

(4) 取下相机机身, 装入胶片, 再安装到取景器上方, 将快门拨到 B 门.

(5) 拉出拉杆, 在同一光强下, 取不同曝光时间拍摄三次.

2. 显影、停显、定影、水洗

(1) 取下相机机身, 依次将显影罐、相机机身装入暗袋, 双手在暗袋中打开相机后盖, 从相机机身取出底片, 并绕在卷片盘上, 装入显微罐内, 旋紧罐盖, 最后从袋中取出显影罐.

(2) 将显影液从灌盖上的遮光进口慢慢倒入, 不断旋转卷片盘轴心, 使药液与底片充分接触, 按确定时间进行显影.

(3) 显影时间到达后, 将显影罐中药液倒出, 再注入停显液或清水, 漂洗约 10 min 后倒出. 以上操作不能开盖.

(4) 再向罐中注入定影液, 并不断地旋动卷片轴心, 达到定影时间后, 开盖倒

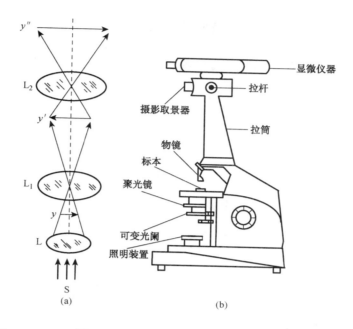

图 10-1　摄影生物显微镜及其光路图

出定影液.

（5）用水冲洗底片,然后用电吹风吹干,即得到负片.

（6）还原实验仪器,完成实验报告.

注意事项

1. 拍摄前一定要拉出拉杆.

2. 显影罐装入暗袋前要擦干,以防弄湿相机机身.

3. 显影液不能与定影液相混.

数据记录与处理

表 10-1　操作时间记录及照片

单位:s

次数	曝光时间	显影时间	定影时间	照片
1				
2				
3				

思 考 题

比较你拍出的三张底片,曝光时间较长的一张,为什么发黑程度较高?

实验十一 示波器的使用

实验目的

1. 了解示波器的结构及原理,掌握示波器的使用方法.
2. 学会示波器观察波形、测量电压及频率.
3. 了解整流滤波电路的结构和作用,观察整流滤波电路的输出波形.

实验仪器

示波器、低频信号发生器、干电池(或稳定电源)、整流滤波电路板、导线.

实验原理

示波器是一种电子测量仪器,主要用于观察各种电信号的波形,测量电信号的电压幅度、频率和相位,也可观察一切能转化为电信号的非电学量的波形等.它在科学技术的各个领域,包括医药学中得到广泛的应用.

1. 示波器的基本结构

示波器由示波管、锯齿发生器、同步电路、Y轴放大器、X轴放大器、Y轴衰减器、X轴衰减器和电源等部分组成,如图 11-1 所示.

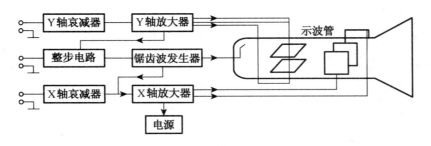

图 11-1 示波器示意图

2. 示波管

示波管是示波器的核心部件,在轴成真空的玻璃管内装有电子枪(包括灯丝 H,阴极 K、栅极 G、聚焦阳极 A_1、加速阳极 A_2)、偏转板、荧光屏,如图 11-2 所示. 示波管的主要工作原理是:灯丝 H 通电后发热,阴极 K 受热后就能发射出大量电子,这些电子通过低于阴极电位栅极 G,在高于阴极电位的聚焦阳极 A_1 和加速阳极 A_2 的作用下,被加速、聚焦形成一个窄而细的高速电子泵,打在荧光屏上. 受到电子打击的屏幕内表面覆盖的荧光物质会发出荧光,这样在管外就可看到屏幕的中央有一发光的亮点. 该光点的亮度决定于电子束中电子的数量和速度,通过调节栅极 G 的电位,即转动示波器面板上的"辉度"旋钮来控制. 光点的大小则决定于电子束的粗细,由示波器面板上的"聚焦"旋钮来调节.

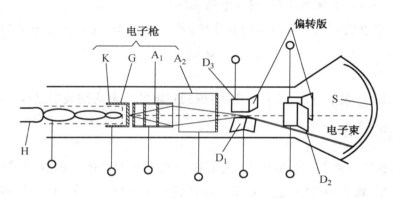

图 11-2　示波管示意图

在示波管内有两对互相垂直的偏转板,靠近电子枪的一对是 Y 轴偏转板,另一对是 X 轴偏转板. 偏转板的作用是利用电压产生的电场,使电子束随偏转电压运动,运动的距离与所加电压成正比.

3. 示波原理

当示波管的两对偏转板不加电压时,荧光屏上只出现了一个光点. 如果仅把一个随时间变化的电压,如正弦电压 $U_y = U_0$,加到 Y 轴偏转板上而 X 轴偏转板不加信号电压,则荧光屏上的光点只作上下方向的正弦振动,振动的频率较快时,在屏上只看到一条垂直的亮线,如图 11-3(a)所示.

如果在 X 轴偏转板上加一个锯齿波电压,如图 11-3(b)所示. 而 Y 轴偏转板不加电压信号,也只能看到一条水平的亮线,如图 11-3(c)所示. 这条水平亮线叫作扫描线.

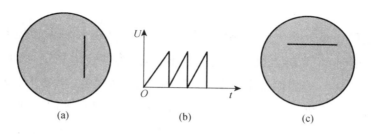

图 11-3 单轴加电压图样

  如果在 Y 轴偏转板上加一个正弦波电压,在 X 轴偏转板上加一个扫描电压,则电子束在两个偏转电压的共同作用下,在屏上形成的光点既作垂直运动,又作水平运动.屏上光点的瞬时位置取决于这两个电压在该瞬时的值,光点在屏上移动的轨迹正好是一条正弦曲线,如图 11-4 所示.

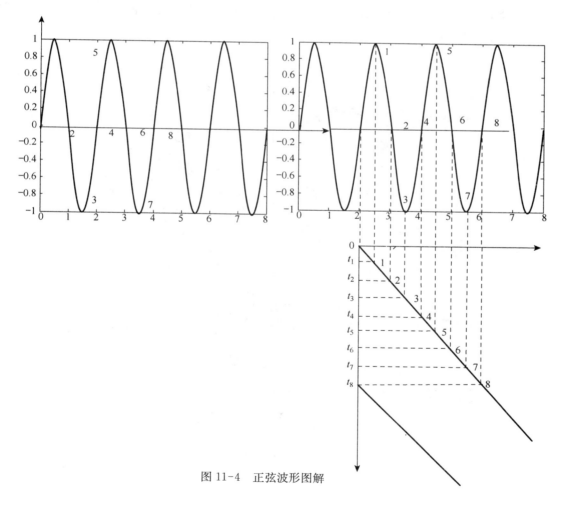

图 11-4 正弦波形图解

4. 示波器的同步

当加在 Y 轴偏转板上的被测信号的频率,不是加在 X 轴偏转板上的扫描电压频率的整数倍时,荧光屏上显示的波形就不稳定. 为使波形稳定,必须调整扫描电压频率 F_X,使其与被测信号电压频率 F_Y 满足,n 为整数. 事实上,仅靠调节示波器面板上扫描频率旋转往往难以获得稳定的波形. 原因在于锯齿波频率不稳定的关系常被打破. 这就得用"同步",亦称"整步"来解决,即从外面引入一频率稳定的信号加到锯齿波发生器上,使其受到控制而产生频率稳定的锯齿波,这叫作外同步(外整形);也可把待测信号自动调节所产生的锯齿波频率,这叫作内同步(内整步). 通过"同步"可保持,从而使屏上的波形清晰、稳定.

仪器描述

ST-16 型示波器的面板如图 11-5 所示. 下面介绍示波器面板上各旋钮、插孔、开关的作用.

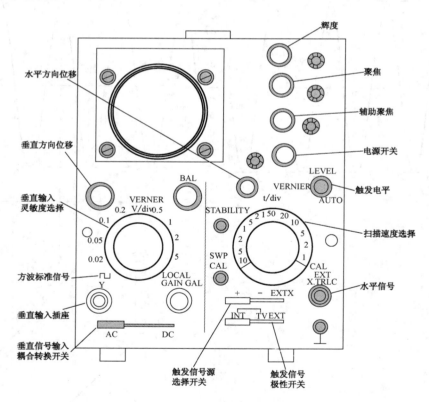

图 11-5 示波器面板

（1）☼辉度，用来调节荧光屏上亮点和波形线的亮暗.

（2）⊙聚焦，用来调节荧光屏上的亮点和波形线的粗细.

（3）○辅助聚焦，调节该旋钮可使荧光屏上亮点和波形线更为清晰.

（4）↓↑ Y 轴移动，用来调节波形在荧光屏上作上下移动.

（5）→← X 轴移动，用来调节波形在荧光屏上作左右移动.

（6）V/div Y 轴灵敏度选，这是一个信号电压的分压衰减转置，自 0.02～10 V/div 共分 9 挡，可根据被测信号的电压幅度选择适当的挡级，以利于观察. 第一挡级"⊓⊔"为 100 mV、50 Hz 的方波标准信号. 当与它同轴的小旋钮——"微调"旋钮顺时针旋足听到"嗒"的一声时，旋钮指示即达"标准"位置，此时"V/div"挡的标值称为示波器的 Y 轴灵敏度.

（7）AC DC Y 轴耦合开关."AC"测量交流信号；"DC"测量直流或缓慢变化的信号；"⊥"输入端处于接地状态.

（8）t/div 扫描速度选择，用于调节扫描速度，由 10 ms/div～0.1 μs/div，共分 16 个挡级. 可根据被测信号频率的高低，选取适当的挡级. 当它与同轴的小旋钮——"微调"旋钮顺时针旋足至"标准"位置时，"t/div"挡级的标称值即为示波器的时基扫描速度.

（9）LEVEL 触发电平，调节该旋钮可出现信号波形或使信号波形稳定. 若将它顺时针旋足，即处于自动（AUTO）位置，此时扫描电路在没有触发信号输入的情况下，能自动扫描.

（10）＋ － EXTX 触发信号源选择开关，用以选择触发信号的上升或下降部分来触发扫描. 当开关置于"外接 X"时，则使"水平信号"插孔成为 X 轴信号输入端.

（11）INT TV EXT（内、电视场、外）触发信号极性开关. 开关置于"外"时，触发信号来自"水平信号"插孔.

实验步骤与内容

1. 调整扫描线

（1）在熟悉示波器面板旋钮及其作用的前提下，将各旋钮按照表 11-1 中的要求调到指定位置.

（2）接通交流电源，打开电源开关，指示灯亮，预热 3～5 min. 顺时针方向缓缓转动"亮度"旋钮，使荧光屏上出现一条亮线，即扫描线. 如果看不到亮线，则应仔细调节"Y 轴位移"和"X 轴位移"旋钮,找到扫描线,并使它处于荧光屏的中间位置.细调"亮度"和"聚焦"旋钮,使扫描线粗细适度、清晰、亮度适中.

表 11-1

控制件	位置	控制件	位置
✡	顺时针旋足	AC ⊥ DC	⊥
☉	居中	触发电平	自动
○	居中	t/div	2 ms
↑ ↓	居中	扫描微调	校准
□	居中	+、-、外接 X	+
V/div		内、电视场、外	内
Y 轴微调	校准		

2. 观察电压波形

(1) 观察方波波形.将 V/div 旋钮旋至第一挡级"⊓⊔",将波形记入表 11-2 中.

(2) 观察整流滤波电路的输出波形,将观察到的下列各波形一一描绘在表 11-2 中的相应栏内.

① 正弦波形.如图 11-6 所示为整流滤波电路板.将示波器的"Y 轴输入"与"接地"端分别同电路板中的 A、B 端连接,观察并画出荧光屏上显示出的波形.

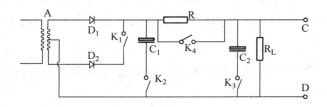

图 11-6　整流滤波电路板

② 半波整流波形.将示波器的"Y 轴输入"与"接地"端分别与电路板中的 C、D 端连接,将 K_4 合上,K_1、K_2、K_3 断开,观察并画出荧光屏上显示的波形.

③ 半波 C 型滤波波形.将 K_2、K_4 合上,K_1、K_3 断开,观察并画出荧光屏上显示的波形.

④ 半波 π 型滤波波形.将 K_2、K_3 合上,K_1、K_4 断开,观察并画出荧光屏上显

示的波形.

⑤ 全波整流波形. 将 K_1、K_4 合上,K_2、K_3 断开,观察并画出荧光屏上显示的波形.

⑥ 全波 C 型滤波波形. 将 K_1、K_2、K_3 合上,K_4 断开,观察并画出荧光屏上显示的波形.

⑦ 全波 π 型滤波波形. 将 K_1、K_2、K_4 合上,K_3 断开,观察并画出荧光屏上显示的波形.

进行上述实验时,应注意调节示波器,使荧光屏上出现稳定完整的波形. 观察完毕,将电路中的 C、D 端与示波器断开.

注意事项

1. 电子仪器的旋钮切忌硬拧,以免损坏.

2. 在操作过程中发现异常现象,如机器冒烟,闻到臭味等,应立即切断电源关机.

3. 荧光屏上光点或波形亮线不能太亮,光点不能较长时间停留在一点.

4. 暂时不用时,不必将电源断开,只要调节"辉度"旋钮,使光点消失即可.

数据记录与处理

将实验数据填入表 11-2 中.

表 11-2　整流滤波电路的输出波形

波形名称	开关位置	波形
方波波形		
正弦波形		
半波整流波型	K_4 合,K_1、K_2、K_3 断开	
半波整流 C 型滤波波形	K_2、K_4 合,K_1、K_3 断开	
半波整流 π 型滤波波形	K_2、K_3 合,K_1、K_4 断开	
全波整流波形	K_1、K_4 合,K_2、K_3 断开	
全波整流 C 型滤波波形	K_1、K_2、K_3 合,K_4 断开	
全波整流 π 型滤波波形	K_1、K_2、K_4 合,K_3 断开	

思 考 题

用示波器观察波形时,如果出现下列现象,问这时应分别调节哪些旋钮? 为什么?

(1) 荧光屏上什么都看不清;

(2) 只有一个亮点;

(3) 有水平亮线而无波形;

(4) 有竖直亮线而无波形;

(5) 有多条横线;

(6) 有多条竖线;

(7) 波形移动、不稳定.

实验十二　用旋光仪测量糖溶液的浓度

实验目的

1. 观察炫光现象,通过直观认识加深对偏振光的理解.
2. 掌握利用三荫式旋光仪测溶液浓度的方法.

实验仪器

WXG 型旋光仪、糖溶液试管.

实验原理

当平面偏振光通过某些物质后,偏振面要发生旋转,此现象称为旋光现象.偏振面所旋转的角度称为炫光角.具有炫光性的物质称为旋光物质.

炫光物质按其振动面旋转的方向可分为左旋和右旋两类.对固体来说,旋转的角度与光透过的物质的厚度成正比,而对液体来说,除了厚度以外,还与液体的浓度呈正比.同时,旋转的角度,与溶液的温度 t 以及光的波长 λ 有关.实验指出,在给定波长(单色光)和温度下,如旋光物质为溶液,则旋光角表示为

$$\varphi = [\alpha]_\lambda^t Cl$$

式中,l 为溶液的厚度,单位为分米(dm);C 为溶液的浓度,单位为克/平方厘米(g/cm^3);$[\alpha]_\lambda^t$ 为旋光率,表示偏振光通过单位厚度、单位浓度的溶液后引起振动面旋转的角度.

一般习惯以百分浓度来表示溶液的浓度,上式可改写为

$$\varphi = [\alpha]_D^t Cl/100$$

式中,D 为钠黄光的 D 线;t 为测定时的温度;C 为 100 ml 溶液中含有溶质的克(g)数.

　　旋光仪的基本原理,是在偏振化方向互相垂直的起偏器和检偏器之间放入旋光物质,通过检查检偏器一侧视场由黑暗变为有一定亮光,经转动检偏器后,又由有一定亮光恢复至原来的黑暗这一过程来测定旋光角的.但实际上,人眼对黑暗、有一定亮光、重新恢复到原来的黑暗的判断是比较困难的,对两黑暗程度是否完全一致是很难准确反映的,这样就会给测量带来较大误差.为了解决这一矛盾,人们设计了三荫板式旋光计.

　　三荫板是由两个玻璃片与条形石英片胶合而成的透光片,当偏振光通过三荫板时,透过玻璃的光,其振动方向保持不变,而透过石英的光,由于旋光作用而使光的振动方向旋转了一个角度,造成玻璃和石英透过的光强不同,在人眼中产生明暗相间的效果.

　　如图 12-1 所示,调节检偏器,当起偏器的偏振化方向与检偏器的偏振化方向垂直时,三荫板中由左右两块玻璃透出的光完全不能透过检偏器,而中间石英可以透过一部分光,这样从目镜中观察视场时,就会出现左右黑暗中间稍亮的情形 A;当旋转检偏器,使它的偏振化方向和中间石英条透出的光的振动方向垂直时,则中间石英部分的光完全不能透过检偏器,而左右两块玻璃片透出的光可以部分通过检偏器,这样视场中出现中间石英片全暗、左右两边稍亮的情形 B;三荫板左中右三部分光振动振幅分量都相同时,视场呈均匀明亮程度 C,这时,左中右三部分的分界线消失,这一情况人眼容易判别,找出 C 情形是本实验的关键所在,找出此情形即可进行测量.

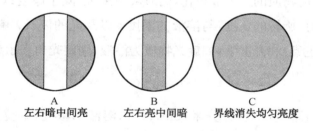

A	B	C
左右暗中间亮	左右亮中间暗	界线消失均匀亮度

图 12-1　三荫板图样

　　仪器度盘采用双游标读数,以消除度盘偏心差.度盘分 360 格,每格 1°,游标分 20 格,等于度盘 19 格,用游标直接读到 0.05°,如图 12-2 所示.

实验步骤与内容

　　1. 调节旋光仪的目镜的焦距,使能看到视场中三部分的分界线.

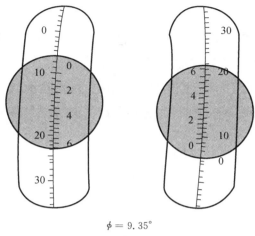

$$\phi = 9.35°$$

图 12-2　仪器度盘读数

2. 转动偏振镜,观察并熟悉视场明暗变化的规律.

3. 不放入旋光物质,缓慢地转动刻度盘,调整检偏器的位置,找到左右黑暗、中间稍亮的情形 A 之后,反方向稍微(幅度很小)转动刻度盘,找准分界线消失视场均匀亮度的情形 C(光强应较小,视场亮度较弱),此时记下刻度盘左、右游标位置读数 φ_1, φ_1',填入表12-1中.

4. 放入装有溶液的糖溶液试管,注意避免将气泡留在光路中.

5. 先找情形 A,再微调刻度盘,找情形 B,最后在 A、B 之间找到分界线消失的情形 C,记下刻度盘左、右游标位置读数 φ_2, φ_2',此时偏振光通过此糖溶液缩旋过的角度为

$$\Delta\varphi = \frac{(\varphi_2 - \varphi_1) + (\varphi_2' - \varphi_1')}{2}$$

6. 取出糖溶液试管,重复步骤 3、4,测得三组数据,计算出旋过的角度 $\Delta\varphi$ 的平均值.

7. 代入公式,求得糖溶液的溶液 C.

表 12-1　实验数据记录表

次数	左游标 φ_1	右游标 φ_1'	左游标 φ_2	右游标 φ_2'	左游标 $\varphi_2 - \varphi_1$	右游标 $\varphi_2' - \varphi_1'$	$\Delta\varphi$
1							
2							
3							
平均	/	/	/	/			

注意事项

    1. 钠光灯点亮后需等待数分钟后才能使用,钠光灯寿命较短,不得随意短时间内开关钠光灯多次,用前做好准备,使用时间要集中.

    2. 旋光灯要保持干净,注意不要将玻璃试管跌落在地.

    3. 将糖溶液试管放入仪器时,注意不要让气泡留在光路中.

实验十三 简谐振动合成的演示

1. 更生动形象地理解简谐振动及合成.
2. 使用简谐振动合成仪演示不同方向上的两震动的合成.

实验仪器

简谐振动合成仪、记录纸、水彩笔.

仪器简介

简谐振动合成仪主要有两个振动部分构成,分为第一振动部分和第二振动部分,两个振动部分均是根据旋转矢量在某轴上的投影来表示简谐振动的方法制造而成的.

实验中,第一振动部分旋转振动的结果是:它的旋转矢量只能沿 X 方向进行投影(即记录笔在记录纸上留下的轨迹是水平方向来回走动),所以第一振动部分只能产生 X 方向的分振动.第二振动部分既可以产生 X 方向的分振动,也可以产生 Y 方向的振动.那么如何控制第二振动部分的振动方向呢? 方法如下:首先将合成仪背面的螺丝(即第二振动的振动方向定位螺丝,此螺丝位于第二振动基板背面)旋松,此时第二振动框架可以沿水平方向或垂直方向旋转,当把第二振动框架水平放置时,如图 13-1 所示,再将螺丝旋紧,这样第二振动就可以产生 X 方向的分振动.当把第二振动框架竖直放置时,如图 13-2 所示,则第二振动就可以产生 Y 方向的分振动.

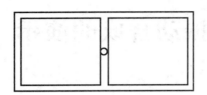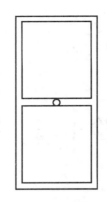

图 13-1　第二振动框架水平放置图　　图 13-2　第二振动框架竖直放置图

实验原理

　　简谐振动合成仪的控制部分上有四个控制开关.电源控制开关打开时,仪器进入工作状态.第一振动控制开关打开,则第一振动部分开始工作,即第一振动将产生 X 方向的分振动;第二振动控制开关打开,则第二振动部分开始工作,通过改变第二振动框架的水平放置或垂直放置,既可以让第二振动产生 X 方向的分振动或产生 Y 方向的分振动;走纸灯开关打开,则记录部分的记录纸开始往上走,这样可以使振动在时间轴上展开.

　　从简谐振动合成仪的背面图形可以看到,在第一针对部分后面有一套相互咬合的齿轮组,通过改变齿轮相互之间的不同咬合,来调节同步电机带动的齿轮比,从而达到改变第一、第二两个振动部分的振动频率比的目的,振动频率比分别为 1:2,8:7,1:1 和 2:3 四种情况.

实验步骤与内容

　　1. 观察同方向上两个简谐振动的合成

　　(1) 旋松第二振动方向定位螺丝,转动第二振动框架,将框架调节成如图13-1所示,使第一振动方向与第二振动方向一致,然后旋紧螺丝.

　　(2) 手拉调速机构的齿轮组,一边微微转动,一边轻轻拉,如果齿轮咬合太紧,略松一下滑动齿轮卡司,将齿轮拉到搭配为 1:1 的齿轮上.

　　(3) 将第一振动开关打开,走纸开关打开,最后将电源开关打开,此时第二振动画出的图形如图 13-3(a)所示.

　　(4) 关闭第一振动开关,将第二振动开关打开,走纸开关打开,再将电源开关打开,此时第二振动画出的图形如图 13-3(b)所示.

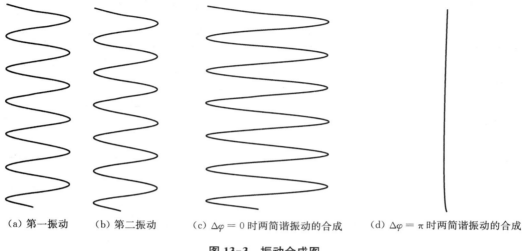

(a) 第一振动　　(b) 第二振动　　(c) $\Delta\varphi = 0$ 时两简谐振动的合成　　(d) $\Delta\varphi = \pi$ 时两简谐振动的合成

图 13-3　振动合成图

（5）将第一振动及第二振动的初相位调成 $\varphi_A = \varphi_B = 0$ 的情况,即 $\Delta\varphi = 0$ 时,再将第一振动、第二振动、走纸灯开关打开,最后将电源开关打开,这时将画出如图 13-3(c)所示的图形.

（6）将第一振动、第二振动的相位差调成相反,即 $\Delta\varphi = \pi$,再将第一振动、第二振动、走纸灯开关打开,最后将电源开关打开,这时将画出如图 13-3(d)所示的图形.

2. 观察垂直方向上的两个简谐振动合成

（1）旋松第二振动定位螺丝,转动第二振动框架,使第二振动方向与第一振动方向相互垂直,然后旋紧螺丝.

（2）将第一振动、第二振动开关打开,调节两振动的相位差,再打开电源的开关,这时在记录纸上就可以得到 $\omega_x : \omega_y = 1 : 1$ 的各种不同相位差的李萨如曲线,并记录在表 13-1 中.

（3）调节齿轮的不同咬合,即可得到不同频率比、不同相位差的两个相互垂直方向的简谐振动合成,即李萨如图形,并记录在表 13-1 中.

实验记录

1. 同方向同频率的两简谐振动的合成.

$$\omega_x : \omega_y = 1 : 1$$

2. 相互垂直方向上的两简谐振动的合成.

请按表 13-1 的要求,记录不同频率不同初相差的李萨如图形.

表 13-1　实验数据记录表

相位差 频率比	$\varphi_y - \varphi_x = 0$	$\varphi_y - \varphi_x = \dfrac{\pi}{4}$	$\varphi_y - \varphi_x = \dfrac{\pi}{2}$	$\varphi_y - \varphi_x = \dfrac{3\pi}{4}$	$\varphi_y - \varphi_x = \pi$
$\omega_x : \omega_y = 1 : 1$					
$\omega_x : \omega_y = 1 : 2$					
$\omega_x : \omega_y = 2 : 3$					

注意事项

看李萨如曲线时,总开关必须关闭.

思　考　题

1. 如何判断第一振动方向与第二振动方向相同?

2. 如何判断第一振动方向与第二振动方向相互垂直?

3. 误差产生的最大原因是什么?

实验十四　用阿贝折射仪测液体的折射率

实验目的

1. 了解阿贝折射仪的原理、构造,掌握阿贝折射仪的使用方法.
2. 学会用阿贝折射仪测定液体折射率的方法.
3. 熟悉实验数据的图示法.

实验仪器

阿贝折射仪、蒸馏水、无水乙醇、不同浓度的葡萄糖溶液、滴管、擦镜纸等.

仪器简介

仪器使用前,必须进行校准,可用蒸馏水($n_D^{20}=1.3330$)或标准玻璃块进行校准(标准玻璃块上标有折射率 n 值).下面介绍用蒸馏水校准.

(1)把棱镜旋钮 12 松开,将两个棱镜用无水酒精或易挥发溶剂及镜头纸擦干净.以免有杂质而影响校准精度.

(2)用滴管将 2~3 滴蒸馏水滴入两个棱镜中间,合上并旋紧扳手,使液膜均匀、无气泡,并充满视场.

(3)调节反光镜 18、4,使两镜筒视场明亮,再转动棱镜旋转调节螺旋 2,将折射率刻度对准 1.3330 处,如图 14-1 所示.

(4)从望远镜中观察黑白分界线是否在十字叉丝中央,如图 14-2 所示.若黑白界线不在十字叉丝中央,则调节折射率示值调节螺钉,使黑白界线和十字叉丝相重合.调好后一般不再动.由于采用白光光源,通过棱镜要发生色散,所以通常观察到的明暗分界线是有色彩的.若在调节中视场出现色散时,可调节阿米西棱镜消色散手轮 10 至色散消除.

图 14-1　度数镜视图

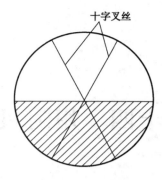

图 14-2　望远镜视图

实验原理

光波从一种媒质进入到另一种媒质时,在两种媒质的分界面上发生折射现象,并且遵循折射定律

$$\frac{\sin\alpha}{\sin\gamma} = \frac{n_2}{n_1}$$

如图 14-3 所示,n_1 和 n_2 分别表示媒质 1 和媒质 2 的折射率,α 表示入射角,γ 表示折射角,若 $n_1 > n_2$(即光线从光密媒质进入光疏媒质),则会有入射角 α 小于折射角 γ.当折射角为 $\pi/2$,此时所对应的入射角被定义为临界角 A.当入射角大于或者等于临界角 A,不再会有光线折射入媒质 2,而在分界面上全反射回来,这种现象称之为全反射现象(图 14-4).

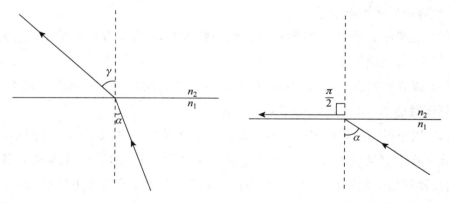

图 14-3　折射定律示意图　　　　　　图 14-4　全反射现象示意图

阿贝折射仪就是根据全反射原理制成的,它是药物检定常用的分析仪器,可用来测量透明、半透明及固体折射率等,其外形如图 14-5 所示.

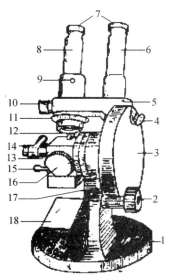

1—底座;
2—棱镜旋转调节螺旋(调节黑白场交界面的位置);
3—圆盘组;
4—刻度照明小反光镜;
5—支架;
6—读数镜(刻度镜);
7—目镜;
8—望远镜筒;
9—折射率示值调节螺钉;
10—阿米西棱镜消色散手轮;
11—色散值刻度圈;
12—旋钮(可使主辅棱镜锁紧打开);
13—棱镜组;
14—温度计插孔;
15—恒温水入口出口;
16—遮光帽;
17—主轴;
18—反光镜

图 14-5　阿贝折射仪外形结构

如图 14-6 所示,阿贝折射仪的主要部分是由两个相同的直角棱镜 ABC 和 DEF 组成.两棱镜面间夹待测液体薄层(设折射率为 n).棱镜 DEF 的 DF 面为磨砂表面,普通光源发来的光由镜面 M 反射,通过透光孔 P 进入棱镜 DEF,经折射后射到磨砂表面 DF,这使磨砂表面被照亮而成为发光面.因为磨砂使光向各个方向漫射,因此由 DF 面可发出各种可能方向的漫射光线通过液层入射 ABC 的 AC 面.因液层很薄,一定会有入射角非常接近 90°的入射光,如图中所画出的光线 SO,叫做掠射光线.设棱镜的折射率为 N,如果 $N > n$,则 SO 射入 AC 面后折射角为棱镜对液体的临界角 α_0.光线 OR 在 BC 面的入射角 α 及折射角 γ 都由 α_0 而定.出射线的位置也就由待测液体的折射率 n 所决定.由于 SO 是所有入射 AC 面的光线中入射角最大的,所以射入 AC 面的光线经两次折射后其出射线的方向只可能在 R_1 的左边.若射入的光为单色光,则对准 R_1 方向的望远镜视野中,将看到一半明

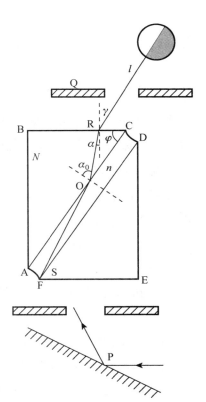

图 14-6　阿贝折射仪原理图

一半暗的图像,而 R_l 方向的光线所成的像就是这明暗的分界线,只要测定分界线 R_l 的出射角 γ 就可以求出待测液体的折射率 n.

设棱镜的棱角 $\angle ACB$ 为 φ,由 $\triangle ORC$ 可知

$$\alpha_0 + 90° = \alpha + 90° + \varphi$$

即

$$\alpha_0 = \alpha + \varphi$$

对光线 SO 和 OR,由折射定律得

$$n \sin 90° = N \sin \alpha_0$$

所以
$$n = N \sin \alpha_0$$
$$= N \sin(\alpha + \varphi) = N \sin\alpha \cos\varphi + N \cos\alpha \sin\varphi$$

在 BC 界面 R 点有

$$N \sin\alpha = n_空 \sin\gamma = \sin\gamma \quad (n_空 = 1)$$

故
$$\sin\alpha = \frac{\sin\gamma}{N}, \quad \cos\alpha\sqrt{1 - \sin^2\varphi} = \frac{1}{N}\sqrt{N^2 - \sin^2\gamma}$$

代入前式得
$$n = \sin\alpha\cos\varphi + \sin\varphi\sqrt{N^2 - \sin^2\gamma}$$

式中,棱镜的棱角 φ 和折射率 N 均为定值,因此 n 由 γ 决定,从折射仪测得角 γ,即可确定液体的折射率 n. 阿贝折射仪就是根据这一原理设计的直接读数的仪器.

我们可用浓度已知的若干标准溶液在阿贝折射仪上测出其折射率,便可求得这种溶液的折射率,画出浓度关系曲线. 然后,测出待定浓度的溶液的折射率 n_x,再求出未知浓度 C_x.

实验步骤与内容

1. 扭动旋钮 12,打开三棱镜,用擦镜纸蘸无水乙醇仔细将三棱镜擦净并晾干.

2. 用滴管将待测液体滴在进光棱镜的磨砂面上(通常滴一小滴或两滴即可),合上两棱镜,转动旋钮 12,将棱镜锁紧,这时在两棱镜间形成均匀的待测液体薄层.

3. 调节反光镜 18 及刻度照明小反光镜 4,使两镜筒视场明亮,调节目镜 7 的焦距,左筒观察到清晰的刻度,右筒(望远镜 8)观察到清晰的十字交叉丝.

4. 调节棱镜旋转调节螺旋 2,在望远镜中寻找明暗分界线,并使镜中叉丝交

点与明暗分界线基本对齐.

5. 如果明暗分界线附近有彩色,则可调节阿米西棱镜消色散手轮,消去色散,即使视场中分界线色彩消失(且不呈某一单色,如红或蓝色的边线)而形成清晰的明暗分界线.

6. 再细调螺旋 2,使镜中叉丝交点与明暗分界线对准.

7. 从读数镜 6 中读取被测的折射率,准确记录标记线处的折射率数值(另一标度为糖的百分含量).

8. 依据上述方法,测定葡萄糖溶液的折射率,重复测量 3 次,求折射率的平均值.

9. 测不同浓度的葡萄糖溶液,测量 $8 \sim 10$ 个对应的 $n\text{-}C$ 值. 以浓度 C 为横坐标, n 折射率为纵坐标,在坐标纸上画出葡萄糖溶液的 $n\text{-}C$ 关系曲线.

注意事项

1. 往棱镜上加待测液时,不得使滴管与棱镜表面接触.

2. 测完某液体,再测另外液体时,必须将棱镜表面擦洗干净,只能用擦镜纸或脱脂棉擦洗,常用的清洗液有乙醇、乙醚、二甲苯等. 糖类和易溶于水的盐类溶液应先用蒸馏水洗擦干净,再用有机溶剂洗涤,擦净并晾干再使用.

3. 仪器应避免强烈振动和撞击,以免光学零件损伤,影响测量精度.

4. 各种不同浓度的溶液或物质,不能混合. 测具有腐蚀性的溶液时,应避免与金属部分相接触.

5. 液体的折射率与温度有关,如测量同一种液体在不同温度下的折射率,可将温度计放入插孔 14 内,通入恒温水,待温度稳定 10 min 后方可测量.

6. 阿贝折射计使用前须校准.

7. 实验后,要用清洗液反复清洗,擦净棱镜,并晾干(15 min)后方可合上棱镜.

思　考　题

1. 若待测液体的折射率 n 大于折射棱镜的折射率 N 时,能否用阿贝折射仪来测定该液体的折射率? 为什么?

2. 望远镜中明暗分界的半荫视场是如何形成的?

实验十五　用牛顿环测量透镜的曲率半径

实验目的

1. 观察由牛顿环产生的等厚干涉条纹
2. 学习用牛顿环测量透镜曲率半径的办法

实验仪器

牛顿环、读数显微镜、钠光灯等.

实验原理

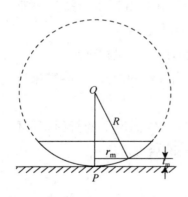

图 15-1　牛顿环产生条件图

牛顿环可以产生等干涉,即空气薄层干涉.其产生的条件如图 15-1 所示.

将一个曲率半径很大的平凸透镜放在一块精磨的玻璃平板上,他们之间就形成了一层以接触点为中心向四周逐渐增厚的空气薄膜.这时如果用单色光以上垂直向下照射时,由于空气层上缘面所反射的光与空气层下缘面而所反射的光之间有光程差,则空气薄膜上下两面所反射的光将发生干涉.又因为同等厚度的空气层是一个以接触点 P 为中心的圆环面,故其形成的干涉条纹是一个圆环,不同厚度的空气层形成的干涉条纹是不同半径的圆环.所以当观察者从上面垂直向下观察时,就会看到一组以接触点 P 为中心的、明暗相间的同心圆环,此环是由牛顿首先发现的,故称之为牛顿环.

设所用光是波长为 λ 的单色光,与 P 点距离为 r_m 处的空气层的厚度为 t_m,则可以算出空气层上下缘面所反射的光的总光程差 Δ 为

$$\Delta = 2\,t_m + \frac{\lambda}{2} \qquad (15-1)$$

式中，$\lambda/2$ 是由于光从光疏媒质到光密媒质的交界面上反射时发生半波损失引起的.

当光程差

$$\Delta = 2\,t_m + \frac{\lambda}{2} = m\lambda, \quad m = 0, 1, 2, 3, \cdots \qquad (15-2)$$

时，干涉光互相加强，这时得到的是明圆环.

当光程差

$$\Delta = 2\,t_m + \frac{\lambda}{2} = \frac{(2m+1)\lambda}{2}, \quad m = 0, 1, 2, 3, \cdots \qquad (15-3)$$

时，干涉光互相抵消，这时得到的是暗圆环.

如果平凸透镜的曲率半径为 R，第 m 个暗环的半径为 r_m，可得

$$R^2 = r_m^2 + (R - t_m)^2$$

即

$$R^2 = r_m^2 + R^2 - 2R\,t_m + t_m^2$$

所以

$$r_m^2 = 2R\,t_m - t_m^2$$

由于 $R \gg t_m$，则 t_m^2 可被视为无穷小而略掉.

则有 $t_m = r_m^2/2R$ 将其代入暗环条件，式(15-3)化简后得到

$$R = \frac{r_m^2}{m\lambda}, \quad m = 0, 1, 2, 3 \cdots \qquad (15-4)$$

式中，m 为干涉级数(即圈数)，因此，如果入射光波长 λ 已知(钠黄光为 589.3 nm)，则只要测出第 m 级干涉圈环的半径 r_m，就可由公式(15-4)计算出曲率半径为 R，此方法既精确度高又不损坏镜面. 所以精密仪器中透镜的曲率半径均用牛顿环进行测量. 但是由于玻璃总要因机械压力而产生一定的畸变，因此凸透镜不可能在一个理想点上和平面玻璃板良好接触，所以 r_m 的起点不易确定，也就是说，公式(15-4)不适用于测量. 为了使测得结果比较精确，通常用两个不同级干涉圆环的半径 r_m，r_n 之差来计算 R，由公式(15-3)可仿写出第 n 个暗环的关系式

$$\frac{r_n^2}{R} + \frac{\lambda}{2} = (2n-1)\frac{\lambda}{2}, \quad n = 1, 2, 3 \cdots \tag{15-5}$$

式(15-3)减式(15-4)得到

$$R = \frac{(r_m + r_n)(r_m - r_n)}{(m-n)\lambda} \tag{15-6}$$

为实验中常用公式,本实验就是要通过精确测量 r_m 及 r_n 的值,来计算透镜曲率半径 R 之值.

实验步骤与内容

实验装置,如图 15-2 所示.

1. 按装置图安装,调整好仪器,直到从读数显微镜中清楚地看见干涉圆环,且中心是暗环为止,然后调节显微镜中的十字叉丝使恰好处在中心暗环的圆心上,如图 15-3 所示.

2. 测量干涉暗环的半径:

(1) 转动读数显微镜的测微手轮,把显微镜物镜从中央位置向左移动,并且一边移动,一边数出干涉暗环的圈数(以中心暗环为零级,依次往外数为第一圈、第二圈⋯),一直移动到所要测量的最外面的一圈或两圈以外为止. 本实验从第 10 圈开始记录,则应将镜头向左移至第 11 或第 12 圈为止,这时要做好读数记录的准备.

(2) 将读数显微镜从左边第 11 环开始,自左向右缓缓移动,当目镜的十字叉丝对准第 10 圈暗环时($m=10$),记下显微镜的读数 $X_{10左}$. 然后继续向右移动. 并依次记下($m-1, m-2, m-3\cdots$)环,即第 9 环、第 8 环、第 7 环、第 6 环的读数. 注意:接近圆心的暗环由于宽度变化较大,不易测准. 所以第 5 到第 1 个环空过,不予记录.

(3) 继续自左向右移动物镜,越过中心零级,继续越过右侧的第 1 到第 5 环,从右侧的第 6 环开始再读数、再记录. 这样依次记下了右侧的第 6、第 7、第 8、第 9,直到第 10 环的读数. 至此,得到了自左向右顺序记录的第一组数据.

(4) 重复步骤(1)—(3),只是将顺序相应改为自右向左移动,即先记录右侧第 10 到第 6 环的位置. 继续自右向左移动物镜,越过中心零级,记下左侧第 6 到第 10 环的位置. 这样,又得到了自右向左顺序记录的第二组数据.

(5) 分别处理两组数据,用右边 X_n 减去左边的 X_n,再除以 2,即得到第 n 个暗环的半径 r_n,两组 r_n 再取平均值,即得到最后的第 n 个暗环的半径 $\overline{r_n}$.

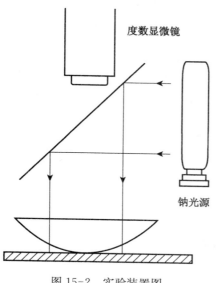

度数显微镜

钠光源

图 15-2　实验装置图

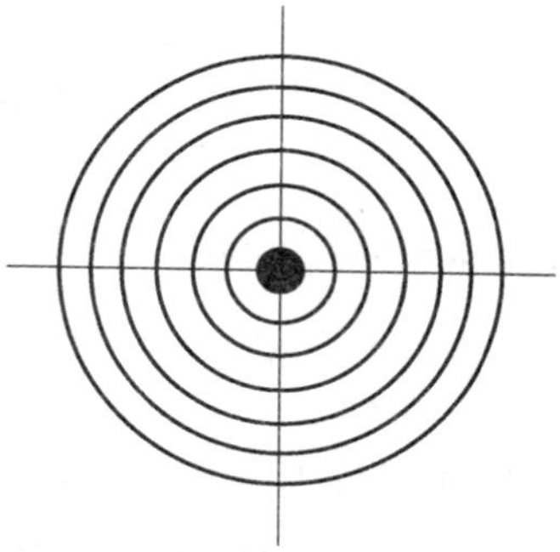

图 15-3　牛顿环图样

$$r_n = \frac{X_{n右} - X_{n左}}{2}$$

（6）任取 m，n 数值及相应暗环半径值，代入式（15-6）中，求出平凸镜的曲率半径 R（单位：m），取 3 种 m，n 的任意组合，求平均值即为 R 的值.

实验记录

将实验数据填入表 15-1 中.

表 15-1　实验数据记录表

项目位置 \ 环序		$x_{10}\ x_9\ x_8\ x_7\ x_6$
自左向右	左 右	
$r'_n = \dfrac{X_{n右} - X_{n左}}{2}$		
$r''_n = \dfrac{X_{n右} - X_{n左}}{2}$		
$\overline{r_n} = \dfrac{r'_n + r''_n}{2}$		

测试结果

$$\begin{cases} 当 m = 10,\ n = 8\ 时,\ R_1 = \\ 当 m = 9,\ n = 7\ 时,\ R_2 = \\ \quad R = \dfrac{(R_m + R_n)(R_m - R_n)}{(m-n)\lambda} \\ 当 m = 8,\ n = 6\ 时,\ R_3 = \\ \quad \bar{R} = \dfrac{R_1 + R_2 + R_3}{3} \end{cases}$$

已知:$\lambda = 589.3$ nm.

注意事项

1. 暗环圈数不可数错,否则一定要重做.

2. 测试的是暗环,不是明环.

3. 实验过程中,桌面要稳,不能振动. 读数显微镜亦不可动摇,否则要重测.

4. 使用读数显微镜时,为防止螺距差的产生,测量过程中不能来回转动测微手轮.

思 考 题

1. 本实验中应怎样做才能更有效地减小误差?

2. 在读数显微镜的物镜下,为什么要安装 45°角的反射镜?